Efficient Treatment, Disposal and Recycling of
Typical Organic Solid Waste

典型有机固体废物
高效处理处置与资源化

吴宇琦 著

U0231478

化学工业出版社
·北京·

内 容 简 介

本书共9章，选取了农业（水产固体废物、畜禽粪便）、市政有机垃圾（剩余污泥、餐厨垃圾）两大类代表性有机固体废物作为研究对象，基于现有的政策背景，分别介绍了有机固体废物的处理技术和资源化技术。处理技术包括：γ射线辐射技术、低温热水解技术、冷冻及自由亚硝酸预处理技术、热活化过硫酸钾预处理技术；资源化技术包括超高温好氧发酵技术、厌氧共消化工艺。最后通过典型案例的介绍体现了以上技术在实际工程中的应用价值。

本书具有较强的技术应用性和针对性，可为有机固废处理处置领域的工程技术人员、科研人员和管理人员提供理论依据和技术参考，也可供高等学校环境科学与工程、市政工程、给排水科学与工程及相关专业师生参阅。

图书在版编目（CIP）数据

典型有机固体废物高效处理处置与资源化/吴宇琦著. —北京：化学工业出版社，2022.10（2023.8重印）
ISBN 978-7-122-42012-1

Ⅰ.①典…　Ⅱ.①吴…　Ⅲ.①有机垃圾-垃圾处理-研究
Ⅳ.①X705

中国版本图书馆 CIP 数据核字（2022）第 148288 号

责任编辑：刘兴春　刘　婧　　　　　　　　文字编辑：郭丽芹　陈小滔
责任校对：宋　玮　　　　　　　　　　　　装帧设计：刘丽华

出版发行：化学工业出版社（北京市东城区青年湖南街 13 号　邮政编码 100011）
印　　装：北京科印技术咨询服务有限公司数码印刷分部
787mm×1092mm　1/16　印张 13　彩插 4　字数 257 千字　2023 年 8 月北京第 1 版第 3 次印刷

购书咨询：010-64518888　　　　　　　　　售后服务：010-64518899
网　　址：http://www.cip.com.cn
凡购买本书，如有缺损质量问题，本社销售中心负责调换。

定　　价：86.00 元　　　　　　　　　　　　版权所有　违者必究

前　言

随着我国污水处理技术的不断发展，污水处理厂剩余污泥的产量不断增加；同时，我国作为全球水产第一大国，水产固体废物的产量也在逐年增加；除此以外，产量巨大的餐厨垃圾、畜禽粪便对环境造成的严重威胁也是亟待解决的问题。剩余污泥、水产固体废物、餐厨垃圾和畜禽粪便同属于城市有机固体废物，性质相似，采用填埋、焚烧等传统工艺对其进行处理处置不仅会给环境带来二次污染及高碳排放，而且无法实现废物资源化利用，不符合我国绿色可持续发展的方针政策。

本书针对污水处理厂剩余污泥、水产养殖污泥、鱼类加工固体废物、餐厨垃圾和畜禽粪便，提出了利用电离辐射、热水解、厌氧发酵产酸、厌氧消化产甲烷、超高温好氧发酵等工艺对其进行处理处置。笔者首先对电离辐射技术、热水解技术、厌氧消化技术、超高温好氧发酵技术分别进行了概述，并就其在有机固废处理处置领域的应用现状进行了回顾总结；其次，针对这几种典型固废处理处置方面的国家政策进行了介绍和解读；再次，通过一系列笔者参与的科学试验先后探究了γ射线辐射对剩余活性污泥和厌氧消化污泥的处理效果、热水解对剩余活性污泥处理及碳源回收利用的效果、剩余污泥厌氧发酵产酸效果、剩余污泥和水产固体废物联合厌氧消化产甲烷效果；最后，通过多个典型工程案例详细介绍了以上技术在有机固体废物处理及资源化方面的应用。本书介绍的研究内容涉及物理、化学、生物等多学科，数据量丰富、图文并茂、分析深入浅出，既有现象描述、政策解读，也有模型构建及机理分析，旨在为典型有机固体废物处理处置及资源化提供理论依据、技术参考和案例借鉴。本书可为有机固体废物处理处置领域的工程技术人员、科研人员和管理人员提供理论和技术参考，也可供高等学校环境科学与工程、市政工程、给排水科学与工程等相关专业师生参阅。

本书包含了笔者以及课题组近年来的研究成果，内容具有连续性和系统性。这些研究工作先后得到了氢氧化钠调控高脂类厌氧发酵过程及碳磷同步回收机制研究[山西省基础研究计划（自由探索类）青年项目，编号：202103021223098]和氢氧化铁对高脂类厌氧发酵原位回收碳和磷的影响及作用机制（山西省高等学校科技创新项目，编号：2021L035）的支持。此外，在本书撰写过程中，得到了太原理工大学宋秀兰教授、孔鑫副教授的帮助，在此表示衷心感谢。

　　由于笔者水平及时间所限，本书不足和疏漏之处在所难免，敬请读者不吝赐教。

太原理工大学　吴宇琦

2022 年 2 月

目　录

第1章

概述

▲ 有机固体废物处理处置现状

▲ 有机固体废物处理技术

▲ 有机固体废物资源化技术

▲ 有机固体废物处理处置政策及发展前景

1.1
有机固体废物处理处置现状

1.1.1 剩余污泥

随着污水处理技术的不断发展和提高，市政污水处理厂的剩余污泥产量不断加大。剩余污泥含有大量有毒有害物质，如病原菌、重金属、抗生素以及难降解有机物。不恰当的污泥处理处置会给环境带来不利影响，甚至威胁人类和动物健康[1]。国内外普遍采用的污泥处理技术，归纳起来有3种，即污泥卫生填埋、污泥土地利用和污泥焚烧[2]。

（1）污泥卫生填埋

污泥的卫生填埋始于20世纪60年代，是在传统填埋的基础上从保护环境的角度出发，经过科学选址和必要的场地防护处理，具有严格管理制度的环境工程方法。在我国，污泥与生活垃圾混合填埋的泥质指标应满足《城镇污水处理厂污泥处置 混合填埋用泥质》（GB/T 23485—2009）要求，基本指标如表1-1所列；污泥作为生活垃圾填埋场覆盖土的泥质标准应满足《城镇污水处理厂污泥处置 混合填埋用泥质》（GB/T 23485—2009）和《生活垃圾填埋场污染控制标准》（GB 16889—2008）要求，如表1-2所列。然而，污泥卫生填埋主要存在以下两大问题：一是填坑中含有各种有毒有害物，经雨水浸蚀和渗漏作用污染地下水环境；二是适宜污泥填埋的场所因城市污泥大量的产出和城市化进程的加快，变得越来越有限。因此，在对污泥进行卫生填埋时要考虑城市周围是否有适合填埋污泥的空间，建设污泥卫生填埋场如同建设生活垃圾卫生填埋场一样，地址需选择地基渗透系数低且地下水位不高的区域，填坑铺设防渗性能好的材料，如用高密度聚乙烯为防渗层，以避免对地下水源及土壤造成二次污染。另外，污泥填埋场会产生甲烷，如不采取适当措施则会引起爆炸和燃烧。污泥卫生填埋场还应设渗滤液收集及净化设施。

表1-1　混合填埋用泥质基本指标

序号	控制项目	限值
1	污泥含水率/%	<60
2	pH值	5~10
3	混合比例/%	≤8

注：表中pH值不限定采用亲水性材料（如石灰等）与污泥混合以降低其含水率。

表 1-2 作为垃圾填埋场覆盖土的污泥基本指标

序号	控制项目	限值
1	污泥含水率/%	<45
2	臭气浓度	<2 级（六级臭度）
3	横向剪切强度/（kN/m²）	>25

美国规定污泥填埋场人工防渗层的渗透系数要小于 1×10^{-12} m/s，并规定污泥填埋场地下水中氮的浓度不得超过10mg/L，污泥填埋场渗滤液的排放限值与相应的点源污水排放要求相同。欧盟国家除了对污泥填埋场人工防渗层渗透系数的要求与美国相同外，还对土质隔水层厚度提出至少 1m（渗透系数小于 1×10^{-9} m/s）的限值要求。

由于污泥卫生填埋不能最终避免环境污染，因此，在欧洲，2000 年后卫生填埋在污泥处置中所占的比例迅速减少，到 2005 年已经降低到 10%左右。德国从 2000 年起，要求填埋污泥的有机物含量小于 5%；英国自 1996 年 10 月开始，通过征收一定的税收，对污泥陆地填埋处理加以限制。美国许多地区基本已经禁止污泥填埋，据美国环保署估计，今后几十年内美国已有的 6500 个污泥填埋场中将有 5000 个被关闭。

（2）污泥土地利用

污泥土地利用主要包括污泥农用、污泥用于森林与园艺、污泥用于废弃矿场等场地的改良等。城市污水处理厂污泥中含有丰富的有机物和一定量的氮（N）、磷（P）、钾（K）等营养元素，施用于农田有增加土壤肥力、促进作物生长的效果。虽然污泥的土地利用具有能耗低、可以利用污泥中养分等特点，但是污泥中含有大量的病原菌、寄生虫（卵）以及多氯联苯等难降解的有毒有害物。特别是污泥中所含的重金属限制了土壤对污泥利用的适应性，根据以往的研究，从废水中去除 1mg/L 的重金属，就会在污泥中产生 10000mg/L 的重金属，因此，几乎所有从污水处理厂产生的污泥都含有大量重金属，如镉（Cd）、铅（Pb）、锌（Zn）等，它们会在土壤中富集，并通过作物吸收进入食物链。在我国，污泥农用时的污染物浓度应满足《城镇污水处理厂污泥处置 农用泥质》（CJ/T 309—2009）和《城镇污水处理厂污染物排放标准》（GB 18918—2002）相关要求，其他指标应满足表 1-3 的要求。污泥园林绿化的泥质要求为：有机质含量≥300g/kg 干污泥，氮磷钾（N+P_2O_5+K_2O）含量≥40g/kg 干污泥，污染物含量应符合《城镇污水处理厂污泥处置 园林绿化用泥质》（GB/T 23486—2009）的要求，其他指标限值如表 1-4 所列。然而，随着城市污水中工业废水的比例逐渐增多，污泥中的重金属和有毒物质及持久性有机污染物含量也在逐渐增加，污泥农田利用的可行性变得越来越小，即使用于园林绿化，也会给环境带来潜在的危害。

表 1-3 污泥农用其他指标限值

项目	控制项目	限值
物理指标	含水率/%	≤60
	粒径/mm	≤10
	杂物	无粒度>5mm 的金属、玻璃、陶瓷、塑料、瓦片等有害物质，杂物质量≤3%
卫生学指标	蛔虫卵死亡率/%	≥95
	粪大肠菌群值	≥0.01
营养学指标	有机物含量（干基）/（g/kg）	≥200
	氮磷钾 ($N+P_2O_5+K_2O$) 含量（干基）/（g/kg）	≥30
	pH 值	5.5～9

表 1-4 污泥园林绿化利用其他指标限值

项目	控制项目	限值
理化指标	pH 值	6.5～8.5 在酸性土壤（pH<6.5）上
		5.5～7.8 在中碱性土壤（pH≥6.5）上
	含水率/%	<40
卫生学指标	蛔虫卵死亡率/%	>95
	粪大肠菌群值	>0.01
养分指标	有机物含量/%	≥25
	总养分［总氮（以 N 计）+总磷（以 P_2O_5 计）+总钾（以 K_2O 计）］/%	≥3

（3）污泥焚烧

污泥焚烧是指在大于 600℃的温度下，使污泥中的有机组分全部炭化生成稳定的无机物。污泥中含有大量的有机物，包括一定量的纤维素、木质素，污泥焚烧后的残渣无菌、无臭，体积可减少 60%以上，可以最大限度地减少污泥体积。

污泥焚烧一般可分为两类：一类是将脱水污泥直接用焚烧炉焚烧；另一类是将脱水污泥先干化再焚烧。如果将脱水污泥直接焚烧，由于污泥含水率较高，焚烧时消耗的能源较高，因此国外污泥焚烧前一般都要进行干化处理。

自 1962 年德国率先建设并开始运行第一座污泥焚烧厂以来，污泥焚烧处理技术在西欧和日本等地得到较快推广，这些地区和国家采用焚烧方法处理污泥的比例较高。污泥通过焚烧，减容减量化程度很高，在所有的污泥处理和处置方法中，焚烧方法产生的剩余物最少。但是，由于污泥焚烧设备的一次性投资巨大，能耗和运行费均很高，一般污泥焚烧处理的费用在 500 元/t 以上；另外，污泥直接焚烧时操作管理复杂，可能产生废气、噪声、振动、热和辐射等问题，特别是在经过不充分燃烧的过程时会产生二噁英等有害气体，在大气污染控制方面还存在一定的技术问题，因此普遍采用污泥焚烧处理不论在经济上还是在技术上都存在一定的难度。

综合以上概述可知，现有的技术在污泥处理效果和防治环境二次污染等方面都存在不足，同时由于剩余污泥中含有大量有机物及植物性营养物质（氮和磷），探究高效处理处置技术在实现污泥减量化、稳定化、无害化的同时，从剩余污泥中回收碳、氮、磷以实现资源化的目的，从而实现市政污水处理厂的可持续发展是近年来国内外的研究热点。

1.1.2　水产固体废物

近些年，水产养殖业在全球范围内发展迅猛，近50%的海产品来自水产养殖业。联合国粮食及农业组织在2018年发布的年报显示，2016年全球水产市场的鱼类总产量达7940万吨[3]。中国和挪威分别是世界第一和第二水产大国。尤其是中国，水产养殖规模自1988年以来均位居世界第一，近几年的水产量已占到全球水产总量的2/3。水产业的迅猛发展对全球经济增长、食品供给和促进就业做出了巨大贡献。但是，随着水产规模的日趋加大，水产固体废物（简称"水产固废"）的产生量也逐渐增加，如果得不到及时适当的处理，水产固废会导致养殖水质恶化、水产病虫害发生频率加大、污染周边环境甚至引起生态失衡[4,5]。当前，如何实现可持续发展是全球水产业面临的巨大挑战。

（1）水产固废的组成及特点

水产固废的组成及特点如图1-1所示。水产固废主要由水产养殖污泥和鱼类加工固废组成。水产养殖污泥主要包括水产养殖池中的残饵、粪便和其他水产代谢物；其产量主要取决于养殖模式、饵料投加量和饵料系数等[6]。对于传统养殖模式，如池塘养殖、网箱养殖等通常不会定期收集并处理养殖污泥，而是每隔数年将沉在底部的污泥移除或直接将其排入周围水体[7]。在循环水养殖系统中，一部分水产养殖污泥经过养殖废水净化工艺得到去除并收集，但仍然有11%～40%的养殖污泥在池底累积[8]。因此，水产养殖污泥的产量目前难以估计。大约70%的鱼类在售卖或使用前都需要经过加工处理，在此过程中，不可避免地会有大量鱼类加工固废产生。鱼类加工固废主要由鱼头、鳞片、内脏、鱼鳍、鱼尾和鱼骨等组成，根据加工工艺或鱼种类的差异，鱼类加工固废的产量占鱼类初始质量的20%～80%[9]。以中国为例，2016年，鱼类加工固废的产量达490万吨，占当年鱼类总产量的10%以上[10]。另外，养殖过程中有大量的鱼类由寄生虫或其他病虫害导致死亡，笔者将这部分死鱼也归为加工固废的一部分。例如，在2015年，挪威鱼类养殖业的死亡大马哈鱼数量达到5000万条[11]。这部分经济价值很低的鱼类加工固废含有大量的可生物降解有机物，可以作为资源进行回收利用。但是，目前大部分鱼类加工固废被当作垃圾进行处理，造成严重的资源浪费及环境威胁。

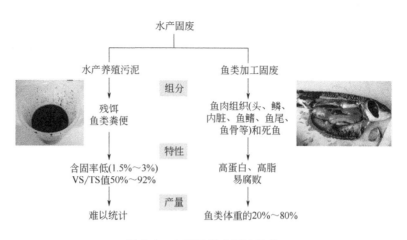

图 1-1 水产固废来源及特性

水产养殖污泥富含蛋白质和脂类，根据鱼种类及饵料的不同，其 VS/TS 值为 50%～92%。与其他动物粪便相比，水产养殖污泥的含固率很低，为 1.5%～3%。如果不对这部分固体废物进行合理处理处置，其中的有机物在降解过程中会释放大量氨氮、硝酸盐和 H_2S，当这些降解产物的浓度超过可接受范围后会抑制鱼类生长，甚至引起其死亡[6,12]；而对水产养殖污泥进行不恰当的处理处置则易引起环境污染，如水体富营养化和温室气体释放等。与水产养殖废水相比，水产养殖污泥的处理处置目前还没有得到广泛关注，特别是在一些发展中国家，如中国，目前尚没有制定与水产养殖污泥排放及处理处置相关的国家及地方法律法规文件。

鱼类加工固废的特点是蛋白质、脂类含量高，灰分含量低，常温条件下极易腐败，这给处理处置带来了极大困难。如果得不到及时处理，这部分固废将释放大量温室气体、H_2S 和植物性营养物质（N 和 P）等，从而引起严重的空气污染、水体污染和病原菌传播。

（2）水产固废处理处置方式

排放是水产固废最普遍的处理方式，包括将养殖污泥用作肥料或进行农田灌溉、将鱼类加工废物填埋或焚烧等。然而，这些方法通常由于能耗高、碳排放高及病原菌污染严重等问题逐渐被许多国家和地区禁止。除此之外，传统处理处置方法还包括人工湿地、好氧堆肥、好氧消化、厌氧消化、厌氧发酵和酶水解等，各工艺的特点如表 1-5 所列。近年来，关于水产固废处理处置的新方法不断涌现出来，例如酸性水解、暗发酵产氢、生产生物炭、提取生物油和植物修复等，其特点如表 1-6 所列。

表 1-5 水产固废的传统处理技术及特点

技术	目的	优点	缺点
填埋	废弃物减量	工艺简单、费用低	有毒渗滤液、占用耕地

技术	目的	优点	缺点
焚烧	废弃物减量	灭菌及减量彻底	二噁英和温室气体排放、能量密集型
人工湿地	废弃物减量	费用低	占地面积大、运行效果不稳定
好氧堆肥	产肥料	简便易行、费用低、可回收资源	处理周期长、渗滤液和温室气体排放
厌氧消化	产甲烷	无温室气体排放、可回收资源	工艺复杂、费用高
厌氧发酵	产短链脂肪酸	无温室气体排放、可回收资源	工艺复杂、费用高
酶水解	产鱼油等	环境友好型	费用高、运行效果不稳定
好氧消化	产液体肥料	温室气体和臭味较少	工艺复杂

表 1-6 水产固废的创新处理技术及特点

技术	特点或目的	参考文献
鱼类加工固废酸性水解	产乳酸	[13]
鱼类加工固废暗发酵	产氢	[14]
生产鱼饵料	鱼类加工固废联合食品废弃物产鱼饵料	[15]
生产水热炭	优化传统水热炭化技术	[16]
提取生物油	从鱼类加工固废中提取生物油	[17]
养殖黑水虻幼虫	鱼类加工固废和面包渣联合用于黑水虻幼虫生长	[18]

1.1.3 餐厨垃圾

目前我国城市生活垃圾总产量超过 4 亿吨，其年增长率为 6%～8%，而生活垃圾中餐厨垃圾占比为 40%～50%甚至更高。餐厨垃圾中又以食品垃圾为主，约占 90%。餐厨垃圾含水率高（70%～80%）而热值低，固相组分中有机物占比超过 85%，且油脂含量高（1%～5%）、盐分含量高（1%～3%）。餐厨垃圾的特性会对后续收集、处理、利用、处置等带来以下影响：a. 餐厨垃圾含水率较高，不易压实，收运效率降低，成本相应增加；同时容易发生滴漏，污染路面；b. 高有机质含量使得餐厨垃圾易腐烂发臭，滋生各类细菌和病原菌，危害人体健康；c. 餐厨垃圾的含油率高，易形成"泔水油"流入餐桌；d. 含盐量为 1%～3%，浓度在 6～12g/L 之间，影响餐厨垃圾的处理过程，尤其会对厌氧发酵处理过程的微生物产生抑制作用[19]。

目前国内外餐厨垃圾的主要处理工艺有高温好氧堆肥、热处理、填埋、焚烧以及厌氧消化等[20]。

（1）高温好氧堆肥

高温好氧堆肥需在 C/N 值约为 20、含水率为 45%～60%、温度为 50～60℃、氧气充足等条件下利用好氧微生物降解有机物。堆肥工艺发展成熟，能够实现资源再利用，但是其占地面积大、气味大、处理周期长，一次、二次发酵以及腐熟

21～28d。餐厨垃圾由于含水率和含油率高，堆肥难度大，且前期产生大量渗滤液，整个过程中恶臭也比较严重，品质受垃圾分类的影响，难以保证处理效果。代表性项目如北京市高安屯餐厨垃圾资源化处理中心，规模为 400t/d，有机废弃物在 60～80℃温度下发酵 8～10h 后，产出活性微生物菌群，可用于制作有机肥和生物蛋白饲料。满负荷运行时，该中心可年产 8.64 万吨微生物菌剂产品，收入约 14774 万元。

（2）热处理

热处理是通过高温加热将餐厨垃圾饲料化利用的一种处理工艺，分为干热和湿热两大类，均利用高温实现灭菌，最终制成蛋白饲料原料，实现资源化利用。该工艺技术成熟，资源化程度高，但是对有害有机物及重金属等污染物无法彻底去除，从根本上难以避免蛋白同源性问题。有代表性的项目为苏州餐厨垃圾资源化利用工程，该项目采用湿热处理技术，日处理量为 100t，主要产品为饲料原料，日产量为 10t。

（3）填埋

餐厨垃圾含水率和有机物含量高，不宜直接单独填埋。餐厨垃圾填埋后期产生的渗滤液以及臭气会对周围土壤以及大气产生不可逆的二次污染，也是导致全球气候变暖的一个重要因素，同时填埋也未实现对餐厨垃圾进行资源化利用的目标。但是填埋可以作为餐厨垃圾经过生化处理后不宜降解的废渣的一种有效处置方式。

（4）焚烧

焚烧虽然减量化彻底，但是餐厨垃圾由于含水率高，低位热值较低，不满足直接焚烧要求，需添加辅助燃料。从垃圾收运到处理阶段，全球变暖的环境负荷主要源于垃圾焚烧处理阶段排放的温室气体 CO_2。

（5）厌氧消化

厌氧消化是在无氧或缺氧的条件下，利用产酸菌和产甲烷菌等多种细菌协同作用，将有机物最终分解成 CH_4 和 CO_2 等。厌氧消化工艺复杂、工程投资较大、产生的沼液需处理，但是其有机负荷高，产生的沼气能回收，可以实现资源化利用。此工艺可以有效实现餐厨垃圾的无害化、减量化、资源化。国内外学者对厌氧消化系统及其影响因素研究较多，包括预热处理、温度、酶、乳酸菌、餐厨垃圾的成分影响等。我国目前有代表性的餐厨垃圾厌氧消化处理项目有杭州天子岭餐厨垃圾处理厂，采用厌氧消化工艺，日处理量为 190.1t；北京市董村分类垃圾综合处理厂，其中餐厨垃圾日处理量为 200t，采用"机械分选+厌氧消化"工艺。

（6）生物转化技术

生物转化技术利用蝇蛆或水虻等特定生物，将餐厨垃圾中的有机物快速高效地转化成腐殖化堆体。此技术降低了处理成本，产生经济收益，避免了同源性污染。但必须对 pH 值、温度、湿度等条件进行严格控制，并且蚯蚓生长周期长、繁殖率低、延长了堆肥周期。例如常用的赤子爱胜蚓，前处理时间约为 20d，受精卵成长至成虫的时间约为 4 个月。有代表性的项目如西安洁姆环保科技公司采用黑水虻自动化立体养殖系统，餐厨垃圾的处理量可达到 200t/d，黑水虻虫体年收益 2190 万元，虫粪年收益 730 万元，合计年收益（含补贴）4380 万元。

综上，餐厨垃圾含水率高，进行卫生填埋会产生大量渗滤液，极大地增加渗滤液的收集量和处理量。由于填埋场渗滤液水质水量随季节变化大，污染物浓度高、成分复杂、微生物营养元素比例失调，渗滤液达标处理是填埋场运营中的一个难题；且渗滤液处置不当会污染地下水及地表水，带来公共安全问题；餐厨垃圾的高含水率导致其低位热值低，无法单独进行焚烧处理；饲料化利用难以解决蛋白同源性问题，蛋白同源性的问题已越来越受到各个国家的重视。同时，餐厨垃圾中有机物含量高，富含氮、磷、钾、钙及各种微量元素，适宜生化处理。其中厌氧消化工艺在实现餐厨垃圾减容、减量的同时可以生产沼气回收能源，但是厌氧消化工艺占地面积大、工艺流程复杂，比较适合处理量大、建设地点位于城市郊区的项目。

1.1.4 畜禽粪便

随着我国畜禽养殖规模的持续扩大，畜禽粪便的产量急剧增加，如何有效地处理养殖场畜禽粪便已成为现阶段畜禽养殖业的核心问题。在畜禽养殖过程中，动物排放物是恶臭气体的主要来源之一。目前随着养殖规模和数量的持续增加，虽然显著促进了区域经济发展，但大量未经处理的畜禽粪便直接排放到养殖场外，严重污染饮用水和地表水的同时也制约了畜禽的正常生长发育。大量调研数据表明，动物排放的废物在有氧以及无氧状态下生成的物质不尽相同，粪便中含有的有害物质如有害微生物、致病菌、寄生虫（卵）也会随着粪便的不合理处理对人体造成严重的安全隐患。畜禽粪便现已成为国家三大污染源之一，对其进行合理化处理已迫在眉睫[21]。

在畜禽粪便资源化处理过程中，饲料化、能量化、肥料化是粪便资源化利用的主要手段。粪便沼气化处理是一种最常见的资源化利用方式，它不仅能显著提高粪便的资源利用率、维持周边生态平衡，对推动产业发展也发挥了重要作用。作为一种可再生能源，沼气在现阶段农村中的应用范畴在持续扩大，由于粪便中含有大量有机物，可作为沼气的主要原料。通过厌氧发酵技术，将粪便密封在一定的环境中，利用厌氧或兼性微生物将粪便中的原糖和氨基酸作为生长繁殖的养料，将粪便经发酵转化成沼气，在为居民提供燃料的同时也有效缓解了当前生态环境问题。虽然沼气处理法具有极高的使用效益，但沼气池的建设常需要投入较高的成本，会加剧区域经济发展的压力，因此在某些经济欠发达区域，进行粪便处理过程中，焚烧法的应用较为普遍。简单来讲，焚烧法作业原理主要是通过燃烧粪便来减少废弃物体积，与直接排泄物相比，燃烧后的残渣、灰渣性质十分稳定，在有效减少粪便体积和质量的同时还规避了废弃物对周遭环境的影响。但是，大量调研数据显示，焚烧法的使用有一定的限制，只适合用于干湿粪便分离的养殖场，对大部分含水率很高的畜禽粪便不适用。

在当前规模化畜禽养殖过程中，对粪便处理的效率受到了各界的高度关注，由于受诸多不可控因素的影响，其处理成效与预期处理目标之间始终存在一定差距。随着近年来城乡一体化经济的快速发展，土壤中的重金属含量不断升高，在饲料资源化过程中有效降低粪便重金属含量已成为畜牧产业发展面临的重大挑战，但其解决尚存在一定困难。近年来农村养殖规模和数量持续增加，但大多以散养为主，小规模散养户不具备处理畜禽粪便的能力，加之农村经济基础比较薄弱，无力构建集中处理条件，产生的粪便被当成垃圾直接排入自然界或直接放在田埂上，不仅降低了资源利用率，还给周遭环境造成了严重破坏，为此有效地解决和处理上述问题已成为基层产业机构和相关部门进一步发展的重中之重。

1.2
有机固体废物处理技术

1.2.1 电离辐射技术

污染物的电离辐射处理方法是利用 γ 射线或加速电子对环境污染物进行辐射，辐射时体系会发生物理化学效应（如胶体变性）、化学效应（如污染物的辐射化学分解或氧化还原）及生物学效应（如杀菌消毒）等[22,23]。

用 γ 射线或加速电子对环境污染物进行处理时，高能射线与污染物可以发生直接作用，引起它们的辐射分解和改性，同时高能射线可以与介质水发生作用，产生一系列高活性的自由基、离子、水合电子及离子基等，再与污染物发生间接作用[24]。

电离辐射法的优点在于：

① 应用面广，废气、生活污水和工业废水、污泥及其他有机固体废物等均能通过高能射线得到处理，并且均已取得了较好的效果，特别对于那些用常规方法（如生化法、焚烧法、化学法等）难以处理的污染物具有良好的处理效果[25]。

② 它是一个环境友好型工艺，辐射在常温常压下进行，速度快、操作简便，可实现连续操作，并且无需添加化学试剂，辐射过程不会产生二次污染。

③ 由于高能射线具有很强的穿透力，杀菌效果显著，用较低的剂量（如 $0.25 \sim 1 kGy$）进行辐射，即可杀死大部分普通细菌，处理后的污泥可以再利用，如城镇剩余污泥经辐射处理后可以作为肥料或动物饲料，实现变废为宝。

④ 反应速度快，选择性小。羟基自由基（·OH）是一种选择性很小的氧化剂，可以与水中存在的多种污染物同时反应。同时，·OH 与含 C—H 或者 C—C 键有机物质的反应速率很快，基本接近扩散速率控制的极限值 $[10^{10}L/ (mol·s)]$。

⑤ 电离辐射技术可以与曝气、热水解和碱解等同时使用而产生显著的协同效应，其效果不是相加，而是相乘。

电离辐射技术目前的主要缺点是一次性投资大，而且需要经过专门训练的技术人员进行管理和操作。单独采用辐射法处理有机固废很难达到排放标准，并且所需剂量较高，为了降低能耗、节约成本，应当采取与其他常规技术相结合的方法。

1.2.1.1 电离辐射化学原理

辐射化学是研究电离辐射与物质相互作用时产生的化学效应的化学分支学科。在环境保护中应用的电离辐射通常只有：γ 射线和加速电子两种类型。目前在工业上广泛应用的 γ 源是 ^{60}Co。加速电子来源于各种类型的电子加速器。加速电子与物质的相互作用有电离和激发、辐射碰撞及弹性散射。γ 射线与物质的相互作用有光电效应、康普顿效应和形成电子对三种方式，这三种作用方式的共同结果是产生了次级电子，次级电子再按加速电子与物质相互作用的三种方式继续与物质发生作用，它们的能量将主要消耗在引起物质的电离和激发上[26]。

辐射化学是通过水的辐射分解来解释辐射效应的。水在受到电离辐射时，会产生水合电子 e_{aq}^- 和氢自由基 H· 两种还原产物及羟基自由基（·OH）一种氧化产物。水合电子 e_{aq}^- 是已知最强的还原剂（标准氧化还原电位 $E^{\ominus}=-2.8V$），H· 也有很强的还原性（标准氧化还原电位 $E^{\ominus}=-2.1V$），而 ·OH 是目前已知可在水处理中应用的最强氧化剂（标准氧化还原电位 $E^{\ominus}=2.8V$），除少数含氟水溶性物质外，几乎所有的有机污染物都能被·OH 降解。辐射技术主要就是靠这三种活性粒子处理废物、消除污染，而具体是哪（几）种粒子发挥作用则取决于水体中的污染物类型及反应条件。活性粒子之间的关系符合式（1-1），式中产物前的数字为各产物的 G 值，即水溶液吸收 100eV 能量后所产生的自由基、分子或离子的数目，也就是辐射初级产额。由式（1-1）还可以看出电离辐射可以同时形成氧化性粒子与还原性粒子，并且浓度相近，这是对纯水进行辐解的特点。辐射初级产额是在没有外加溶质时测定的产额，显然外加溶质会改变初级产额，但对于城镇污水处理厂的污泥来说，由于其含水率很高，基本不会影响初级产额。

$$H_2O \longrightarrow 2.7 \cdot OH + 2.6e_{aq}^- + 0.6H \cdot + 2.6H_3O^+ + 0.7H_2O_2 + 0.45H_2 \tag{1-1}$$

放射性活度是指放射性核素衰变的速率，即单位时间内衰变的次数。法定计量单位为贝可勒尔（Bq），专用单位为居里（Ci，1Ci=37GBq）。在环境保护中，希望放射性活度越强越好。γ 源需要可靠的辐射屏蔽，通常放置在数英尺（1 英尺=0.3048米）厚的混凝土槽内。吸收剂量的国际标准单位是焦耳每千克（J/kg），专用单位为戈瑞（Gy），吸收剂量率是单位时间吸收的剂量，通常用 Gy/s 表示。当使用连续流动体系时，吸收剂量可以用辐射前后水流的温度差来估算，Δt=4.18kGy/℃，即水流温度增加 1℃相当于 4.18kGy 的吸收剂量。

1.2.1.2 电离辐射影响因素

（1）被辐射物性质

高能射线对物质的作用有交联与降解两方面。对于分子量大于3000的有机物，辐射交联作用占优势，对于分子量小于3000的小分子有机物则辐射降解作用更加明显，因此物质的结构是决定该物质是否容易降解的最本质因素。此外，污染物初始浓度越小，则完全降解所需的吸收剂量越小，浓度越高，越不易降解。在同样的辐射条件下，固体物质的降解要比水溶液中的物质降解困难。

被辐射物的pH值不仅影响自由基的产额，而且影响污染物降解的反应途径。当pH值在3～11时，辐射按照式（1-1）所示的反应进行。在三种自由基产物中，e_{aq}^-的量占44%、·OH占46%、H·占10%；在pH值<3的强酸溶液中，较高的H^+会清除相当多的自由基，如式（1-2）所示，否则它们会重合而形成水；而pH值>11时，·OH和H·的量会急剧减少，而·O^-和e_{aq}^-的量明显增加，如式（1-3）和式（1-4）所示[27]。不同pH值条件下，辐射产生的自由基和分子产物的产额见表1-7。

$$e_{aq}^- + H^+ \longrightarrow H_2O + H \cdot \tag{1-2}$$

$$H \cdot + OH^- \longrightarrow e_{aq}^- \tag{1-3}$$

$$\cdot OH + OH^- \longrightarrow O \cdot^- + H_2O \tag{1-4}$$

表1-7　电离辐射水时的自由基和分子产物产额（分子/100eV）

pH 值	e_{aq}^-	H·	·OH	H_2	H_2O_2
3～11	2.63	0.55	2.72	0.45	0.68
0.46	0	3.65	2.90	0.40	0.78

（2）剂量与辐射条件

自由基清除剂和促进剂对辐射效果有影响。氧是e_{aq}^-和H·的有效清除剂，反应如式（1-5）和式（1-6）所示。碳酸氢盐和碳酸盐离子是·OH的清除剂[28]，反应如式（1-7）和式（1-8）。甲醇和乙醇是·OH的清除剂，见式（1-9）和式（1-10）。H_2O_2是·OH的增强剂，它可将还原性初级粒子转变为氧化性的·OH，如式（1-11）和式（1-12），从而使氧化性极强的·OH的浓度提高1倍多，更能有效消除（减弱）"剂量率效应"。因此可以通过改变辐射时的条件（如氧气浓度和添加物等）控制主要辐射产物的产额，从而使反应朝着所需的方向进行。

$$e_{aq}^- + O_2 \longrightarrow O_2^- \tag{1-5}$$

$$H \cdot + O_2 \longrightarrow HO_2 \cdot \tag{1-6}$$

$$\cdot OH + HCO_3^- \longrightarrow H_2O + CO_3^- \qquad (1-7)$$

$$\cdot OH + CO_3^{2-} \longrightarrow OH^- + CO_3^- \qquad (1-8)$$

$$\cdot OH + CH_3OH \longrightarrow \cdot H_2O + \cdot CH_2OH + CH_3O \cdot \qquad (1-9)$$

$$\cdot OH + C_2H_5OH \longrightarrow H_2O + \cdot CH_4OH \qquad (1-10)$$

$$H \cdot + H_2O_2 \longrightarrow H_2O + \cdot OH \qquad (1-11)$$

$$e_{aq}^- + H_2O_2 \longrightarrow OH^- + \cdot OH \qquad (1-12)$$

不同辐射源的辐射效果也不同。γ 射线和加速电子穿透物质时都能引起物质的电离和激发，因此在同一介质中，它们会发生类似的化学反应。加速电子的最大射程如表 1-8 所列，而 ^{60}Co 源产生的 γ 射线（1.3MeV）在水中的半穿透厚度约为 28cm，在普通污泥中约为 25cm[29]，可见 γ 射线比加速电子穿透性更强，更适合辐射处理较厚的污泥层。

表1-8　加速电子的最大射程

电子能量/MeV	空气中（20℃，1atm）最大射程/cm	水中最大射程/cm
0.1	13	0.01
0.5	166	0.18
1	408	0.44
5	2280	2.25
10	4310	4.98

注：1atm=101.325kPa。

不同辐射剂量下水溶液形成的活性粒子的理论浓度如表 1-9 所列。辐射剂量越大，污染物辐射降解的程度越高，处理效果越好，但是一种好的辐射方法首先应该降低吸收剂量，这也是今后辐射工业的发展趋势。

表1-9　不同辐射剂量下水溶液形成的活性粒子的理论浓度

辐射剂量/kGy	理论浓度/（mmol/L）			
	e_{aq}^-	H ·	· OH	H_2O_2
1	0.27	0.06	0.28	0.07
5	1.4	0.3	1.4	0.4
10	2.7	0.6	2.8	0.7

辐射剂量率对污染物的降解效率也有影响。剂量率越低，污染物的降解效率越高[30,31]。与加速电子相比，γ射线可以把剂量率控制在很低的水平，适合在实验室开展相关的试验研究。

辐射温度和辐射时间对辐射效果也有影响。降低辐射温度会降低辐射的降解程度，延长辐射时间可以提高辐解效果。另外，氧的存在对分子和生物系统辐射致敏性都有影响。若在辐射过程中曝气，则脱氧核糖核酸（DNA）的损伤及细胞的致死率都将增加，即所谓的"氧效应"；另外，在剩余污泥辐射过程中加以曝气，污泥的溶解率可以提高约25%。

1.2.1.3 剩余污泥电离辐射研究现状

为了有效利用剩余污泥并防止发生二次污染，电离辐射法被普遍认为是高效处理污泥的方法之一。王宝章[32]认为利用辐射技术处理污泥可以破坏污泥-水胶体体系的稳定性，污泥颗粒表面所带的负电荷随辐射而减少，比阻降低，从而增加污泥的沉降速度，改善过滤性能，而它的运行成本与真空过滤法相近。辐射处理加上其他技术如堆肥、沉降、化学改性等被认为是解决污泥问题的最好出路。

国内外对于电离辐射法处理污泥的研究已经有近50年的历史。世界上第一座污泥辐射厂于1973年建于德国慕尼黑附近，设计源强为5万居里的 ^{60}Co 源，采用间歇操作，剩余污泥含固率为4%，辐射剂量为3kGy，处理能力为120m³/d，辐射处理对污泥有很好的杀菌效果，处理后的污泥可以作为肥料施用于土壤，该处理厂成功运行了20年，后因政策原因关闭。之后在美国、日本、墨西哥、印度、阿根廷、泰国、越南和巴西等国家均建立了污泥辐射厂，并取得了良好的运行效果。

剩余污泥经过电离辐射预处理后，污泥的絮体结构及细胞壁被破坏，胞内及胞外物质溶出进入液相，部分难降解的物质转变为易降解的物质。因此，通常将剩余污泥电离辐射作为厌氧消化或机械脱水的预处理技术，或者将破解污泥的上清液作为反硝化碳源加以利用，从而提高污泥减量化和资源化利用效率。

（1）电离辐射对污泥理化特性的影响

袁守军[33]认为，经过不同剂量辐射处理后污泥的碱度均有不同程度增加，可以提高污泥在后续厌氧消化系统中的抗酸冲击能力。污泥中的可溶性化学需氧量（SCOD）是很多研究者关注的问题。SCOD的大小表征了污泥中溶解态小分子有机物的含量。不同的研究者均认为，SCOD会随着辐射剂量的增加而增加，有利于污泥后续的减量化，提高污泥厌氧消化效率，或者有利于污泥作为生物处理的碳源利用，但污泥中的总化学需氧量（TCOD）基本不会发生变化。郑忆枫等[34]的研究结果还表明，在相同的辐射剂量下，污泥含水率越低，SCOD的增幅越大，并且碱与辐射联用可以产生明显的协同效应。在污泥的紫外-可见光（UV-vis）谱图上，辐射后的污泥上清液在280nm附近出现了新峰，这可能是由于微生物细胞内溶出的核酸中的双键结构，也说明污泥中可溶性组分在经过辐射后有所增加。

关于污泥粒径大小及分布也有学者做过研究，认为污泥平均粒径随辐射剂量的增加而减小，但减小程度并没有随剂量的变化而呈规律性变化。从污泥粒径分布曲线可以看出，辐射后小颗粒的数量大大增加，但过大的剂量对于减小污泥颗粒尺寸没有明显的效果并且会浪费能量。从污泥的扫描电镜（SEM）图像可以看出，辐射后原来聚合在一起的污泥絮体被分散，出现了很多单个细胞，也表明辐射可以破解污泥的絮体结构。

在污泥固相物质方面，牟艳艳等[35]的研究表明，在吸收剂量为 2.48～11.24kGy 的范围内，辐射后污泥的固相物质及固相有机物含量均有不同程度的降低，这说明 γ 射线辐射可以使污泥中的部分絮体破解，使其向溶解态转变，同时辐射也可以在一定程度上降解污泥固相中的有机组分，利于污泥最终减量。Zheng 等[36]的研究结果也表明，TSS 和 VSS 随辐射剂量的增大而逐渐减小，但是 VSS 的结构几乎没有发生改变，因此辐射对固相物质的作用机理尚有待进一步研究。

也有研究者对污泥的沉降性能开展过相关研究。郑忆枫等[34]进行污泥静沉试验的结果表明，对于含水率为97%的污泥，辐射前上清液高度约12cm，经 4kGy 辐射后泥水分界面下降约 3.2cm，辐射 20kGy 后则下降约 5.5cm。曹德菊等[37]的研究结果表明，辐射剂量在 0.05～3kGy 时污泥的 SV_{30} 和 SVI（污泥体积指数）均低于对照组，说明辐射可以提高活性污泥的沉降性能。Meeroff 等[38]的研究结果则认为辐射对于剩余活性污泥的沉降性能几乎没有影响。因此辐射对污泥沉降性能的影响也有待研究。

（2）电离辐射对污泥脱水性能的影响

唐蕾等[39]经过研究证实，可以利用一定剂量范围内的 γ 射线辐射降低剩余污泥的比阻和泥饼含水率，但当吸收剂量超过一定范围之后，污泥的整体结构又朝着不利于脱水的方向改变，并且单纯利用辐射处理时，污泥的脱水效果并不理想，只有结合絮凝剂（如壳聚糖）的使用，才可以达到更好的效果。Wang 等[40]认为，4kGy 的辐射剂量和高分子絮凝剂联合作用可使污泥过滤性能提高 65%。Meeroff 等[38]研究认为，2～3kGy 的小剂量有利于实现污泥体积控制，提高压缩性；4kGy 的辐射剂量可使污泥比阻下降 34%～68%，而高于 15kGy 的剂量则对脱水不利，表现为 Zeta 电位绝对值增大；Sawai 等[41]的试验结果则表明，1～3kGy 适于提高剩余活性污泥的脱水性能。

与剩余活性污泥相比，电离辐射处理厌氧消化污泥的研究则相对甚少。Waite 等[42]利用 0～24kGy 剂量范围的电子束对厌氧消化污泥进行辐射脱水试验，结果表明，污泥的结合水含量随剂量增大不断减小，其中剂量在 4kGy 以下对脱水性能改善十分明显，Zeta 电位绝对值明显减小，而剂量超过 10kGy 以后结合水含量基本无明显降低；同时由试验结果表明，结合水含量、污泥比阻及 Zeta 电位在 4kGy 时的改变达到 80%，继续增大辐射剂量对脱水性能改善不明显。Sawai 等[41]的研究结果则认为 5～10kGy 剂量范围更适于提高厌氧消化污泥的沉降性能和脱水性能。Meeroff 等[38]经研究认为，先投加絮凝剂（种类不详）再进行 0～4kGy 辐射对脱水性能没有改善，也没有干扰絮凝剂发挥作用。因此无论是剩余活性污泥还是厌氧消化污泥，辐射预处理对其脱水性能的影响及其作用机理都有待进一步研究。

（3）电离辐射污泥资源化利用

污泥经电离辐射后，细菌、病毒、寄生虫和杂草种子等能够在常温下被消灭，还能使胶体变性，改善沉降性能和脱水性能，不会产生含氮有机物分解造成的恶臭，并且辐射后的污泥可以作为植物肥料和土壤改良剂等，从而实现污泥的资源化利用。有研究者将辐射过的剩余污泥上清液作为碳源投入生物反硝化系统中，经过连续 20d 的运行结果表明，辐射后的溶解污泥上清液可以作为反硝化碳源使用，其效果与甲醇类似。

综上所述，尽管电离辐射技术应用于污泥破解预处理在国内外已有一定的研究基础，获得了一定的研究成果，但是辐射剂量与污泥理化特性及脱水性能之间的关系尚没有完全明确，并且辐射技术应用于厌氧消化污泥的研究报道很少，有些结论存在矛盾。辐射过的污泥除当作植物肥料及反硝化碳源外，其资源化利用在其他方面鲜有报道。因此本书将进一步研究辐射剂量与污泥理化特性及脱水性能之间的关系，解释辐射机理，确定利于污泥破解和脱水性能改善的最佳辐射剂量范围，并对辐射处理后污泥的资源化利用进行研究。

1.2.2　热水解技术

热水解是以水为介质，将有机固废置于高温条件下水解一段时间后，先后发生固体物质破碎溶解和有机物水解两个过程的污泥处理技术。首先是构成污泥菌体细胞的物质遭到破坏，如细胞壁上的蛋白质变性和细胞膜中的脂肪溶解，使得细胞破解，进而结合水以及胞内和胞外物质同时从固相溶解进入液相；同时伴随高分子有机物（蛋白质、脂肪和碳水化合物等）水解为小分子有机物（乙酸、丙酸、丁酸、氨基酸和葡萄糖等），有利于提高有机固废的可生物降解性能。另外，热水解能杀灭病菌，实现有机固废的安全处理处置；与常规的热干化相比，避免了汽化潜热的消耗，具有明显的节能优势。

目前，学术界对于热水解的温度界限尚无统一定义，一部分研究者以 100℃作为分界线，将温度低于 100℃的热水解称为低温热水解，高于 100℃的热水解称为高温热水解；另一部分研究者则将 120℃作为区分高低温热水解的临界点。高温热水解的反应速率随着温度升高而增大，处理效果也随之提高，但是高温热水解能耗大、处理成本高，对设备的要求也很严格，实际应用中存在很多限制因素；而且当水解温度高于 200℃时，很容易发生美拉德（Maillard）反应，生成难降解的大分子聚合物，甚至会抑制部分有机物的降解。相比之下，低温热水解能耗较低，工艺简单，适于在工程中推广应用。

1.2.2.1 热水解影响因素

（1）有机固废的性质

有机固废的种类、来源和浓度是影响热水解处理效果的重要因素。工业污水厂剩余污泥和市政污水厂剩余污泥的最佳热水解处理温度有所不同，可能是由市政污水处理厂的污泥生物质较为复杂造成的。水解后有机固废中的 SCOD、溶解性蛋白质和碳水化合物含量均随其浓度的提高而增加。

（2）热水解温度和时间

热水解可以分为低温热水解和高温热水解，水解温度和时间对污泥破解和溶解的影响很大，提高水解温度、延长水解时间可以提高破解效率，但过高的温度会增加 Maillard 的反应速率，增加难降解化合物的产量，给环境带来不利影响，并且增大能耗。

（3）加热方式

污泥热水解的加热方式主要有直接蒸汽注入法、微波加热法、电阻加热法和间接热交换法等。间接热交换法可充分利用污水厂回收的废热以及污泥热解产生的甲烷等进行加热，有利于降低污泥的处理成本，是目前最常用的热水解加热方法。

（4）添加剂

某些外源物质的加入有利于提高污泥的热水解效果。Guan 等[43]的研究结果表明，在 50～90℃进行污泥水解后，污泥脱水性能明显恶化，而加入 $CaCl_2$ 后再进行污泥热水解，可以改善污泥的脱水性能，其毛细吸水时间（capillary suction time，CST）为初始值的 8.7%。这是由于 Ca^{2+} 能够与蛋白质等大分子物质结合，中和污泥颗粒表面的负电荷，增强絮体间的吸附架桥作用，从而提高污泥的脱水性能。陈小粉等[44]的研究结果表明，加入 0.5g/L 的淀粉酶可以促进污泥热水解，污泥在 50℃条件下水解 4h 后，SCOD/TCOD 值由对照组的 23.30%增加到 30.98%。

1.2.2.2 剩余污泥热水解研究现状

（1）热水解对剩余污泥破解效果的研究

高温热水解时，水解温度的影响效果远比持续时间的影响要大，而对于低温热水解，持续时间的影响更大。董滨等[45]研究了水解温度为 70～120℃、水解时间为 20min 条件下低温短时热水解预处理对剩余活性污泥有机物溶出的影响。结果表明，SCOD、溶解性蛋白质、碳水化合物和 DNA 的含量在 110℃以下时均随水解温度的升高而增加，在 120℃时反而有所下降。王志军等[46]进行了实验室规模的污泥热水解试验，结果表明，污泥热水解分为溶解和水解 2 个过程，水解过程中微生物细胞不断被破坏，原生质由固相释放进入液相并进一步水解为小分子有机物，在 210℃、75min 的条件下，SCOD/TCOD 值达到 34.7%，水解液中挥发性脂肪酸（volatile fatty acids，VFAs）占 SCOD 的 30%～40%，乙酸占 VFAs 的 50%以上，并且乙酸所占比例随着热水解温度的升高而提高，由此推断水解液可以作为外加碳源用于生物反硝化脱氮系统。Tyagi 等[47]认为，污泥中的大部分碳水化合物及脂质存在于细胞外壁，易于生物降解，而蛋白质受到细胞壁的保护难以溶解和释放，其研究表明，60～180℃的水解温度可以将细胞壁破坏，促进蛋白质从固相溶解进入液相。

吴静等[48]进行了污泥低温热水解的中试，结果表明水解的最佳工艺条件为：水力停留时间（HRT）为 1d，水解温度为 54～60℃，含固率为 3%。正交试验结果表明，水解温度、含固率及有机物质量比（VSS/TSS）均是热水解的重要影响因素，各因素对于有机物溶出率和 VSS 去除率影响的重要性顺序一致，由大到小为：含固率＞水解温度＞有机物质量比（VSS/TSS）。Apples 等[49]研究了 70～90℃的污泥低温热水解效果，结果表明，在 70℃条件下水解 60min 时，SCOD 仅仅是处理前的 3 倍，随着温度升高，SCOD 的释放越趋明显，在 90℃条件下水解 60min，SCOD 增长了 25 倍。

许多研究者对污泥热水解后的脱水性能也进行过研究，大部分研究者均认为高温处理利于脱水性能改善。Neyens 等[50]认为 175℃是污泥脱水的最佳点，Bougrier 等[51]认为 150℃以上时脱水性能显著改善，而有关 120℃以下的低温热水解对污泥脱水性能的影响及作用机理的研究相对较少。

（2）水解污泥上清液作为生物反硝化脱氮碳源的研究

污水处理厂的原水常常存在碳源不足而导致出水 TN 不达标的问题，常规的液体碳源如乙酸、葡萄糖、甲醇、乙醇和醋酸盐等常被投加到原水中，以提高氮和磷的去除效果。然而这些外部碳源的投加不仅会增加污水处理厂的运行费用，而且会增加剩余污泥产量。使用污水处理厂的内碳源是更加行之有效的方法之一，它不仅可以解决碳源不足而引起的出水氮和磷不达标的问题，而且也为剩余污泥的资源化利用提供了新方向。

20 世纪 90 年代起，许多研究者开始对高温热水解污泥上清液作为反硝化碳源进行研究，结果均认为污泥水解液适宜作为反硝化碳源使用。将低温热水解污泥作为反硝化碳源的研究报道则相对较少，Guo 等[52]开展了实验室规模的相关研究，结果表明，剩余污泥在水解温度为 100℃、水解时间为 1h 的条件下，将水解上清液投加到 HRT 为 12h 的 SBR 反应器中作为外加碳源时，其 NO_3^--N 的去除率可以达到最大值为 91.0%。

文献综述表明，热水解可以有效破解剩余活性污泥，释放有机物进入液相，引起污泥理化性质改变；将水解上清液作为外加碳源用于生物反硝化脱氮也可以取得较满意的效果。但是目前的大多数研究只注重水解时有机物的释放规律，对于营养物质如氮和磷的释放规律研究较少，在将水解上清液作为碳源用于反硝化脱氮时需要考虑水解液本身带入的 N、P 负荷。因此，在何种条件下进行污泥热水解可以获得最大的碳源释放量和最小的 N、P 负荷需要进一步研究。此外，考虑到能耗及设备条件、环境影响等，利用低温热水解处理污泥值得被深入研究，而目前的相关研究大多处在实验室研究阶段，中试以及大规模应用的相关报道寥寥无几，水解后的固液分离、气味控制、难降解有机物处理也成为实际推广应用的关键问题。

1.3
有机固体废物资源化技术

1.3.1 厌氧消化技术

厌氧消化（anaerobic digestion，AD）工艺主要由溶解和水解、酸化、产氢产乙酸和产甲烷四个阶段组成，如图 1-2 所示。在溶解和水解阶段，含有蛋白质、碳水化合物和脂肪等大分子有机物的底物在胞外水解酶的作用下水解生成氨基酸、单糖、甘油和长链脂肪酸（LCFAs）等小分子有机物；此阶段涉及的水解细菌主要有梭状芽孢杆菌属 *Clostridium*、纤维单胞菌属 *Cellulomonas* 和拟杆菌属 *Bacteroides* 等[53]。在第二阶段，水解产物在酸化菌如梭状芽孢杆菌属 *Clostridium*、乳杆菌属 *Lactobacillus*、地杆菌属 *Geobacter*、拟杆菌属 *Bacteroides*、优杆菌属 *Eubacterium*、脱硫弧菌属 *Desulfovibrio* 和脱硫杆菌属 *Desulfobacter* 等作用下降解生成 VFAs 及少

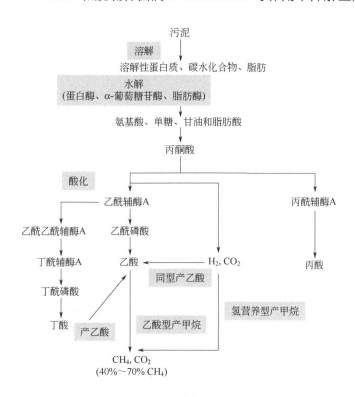

图 1-2 厌氧消化产酸产甲烷的过程示意

量 NH$_3$、CO$_2$ 及 H$_2$。在产乙酸阶段，产乙酸菌通过 β-氧化作用将丙酸、丁酸等进一步降解生成乙酸和 H$_2$；典型的产乙酸菌包括：互营杆菌属 *Syntrophobacter*、互营菌属 *Syntrophus*、互营单胞菌属 *Syntrophomonas*、互营热菌属 *Syntrophothermus*、莫氏霉属 *Moorella* 和脱硫弧菌属 *Desulfovibrio*。最后，产甲烷古菌通过乙酸营养型产甲烷路径将乙酸降解为终产物 CH$_4$ 和 CO$_2$（CH$_3$COOH+H$_2$O$\longrightarrow$CH$_4$+H$_2$CO$_3$，$\Delta G^{\ominus}$= -31kJ/mol），参与该路径的产甲烷菌包含甲烷丝菌属 *Methanosaeta* 和甲烷八叠球菌属 *Methanosarcina*；另一种氢营养型产甲烷路径利用甲烷杆菌属 *Methanobacterium*、甲烷囊菌属 *Methanoculleus* 和甲烷螺菌属 *Methanospirillum* 等，将 H$_2$ 和 CO$_2$ 转化生成 CH$_4$（H$_2$+CO$_2$$\longrightarrow$CH$_4$+H$_2$O，$\Delta G^{\ominus}$=-136kJ/mol）；第三路径为甲基型产甲烷。在通常情况下，乙酸是产甲烷的主要基质，通过乙酸型产甲烷路径产生的甲烷占甲烷总产量的 70% 以上。

厌氧消化的主要中间产物包含各种 VFAs（乙酸、丙酸、异丁酸、正丁酸、异戊酸和正戊酸）和醇类，终产物主要为包含甲烷和二氧化碳的生物气。通过调节运行参数，将厌氧消化过程控制在产氢产乙酸阶段，从而获得大量 VFAs 的过程称为厌氧发酵，由此区别于厌氧消化产甲烷工艺。

1.3.1.1 厌氧发酵产酸

厌氧发酵工艺的主要类型有乙醇型发酵、丙酸型发酵和丁酸型发酵，其主要产物是 VFAs，包含乙酸、丙酸、异丁酸、正丁酸、异戊酸和正戊酸。污水处理厂通常需要投加大量外加碳源以实现高效脱氮除磷的目的，这些外加碳源通常包括甲醇、乙醇、淀粉和葡萄糖等，外加碳源的投加会增大污水处理厂的运行费用和出水 COD 含量，而且这些有机物需要进一步降解生成小分子有机酸才能被微生物利用。厌氧发酵工艺生成的乙酸和丙酸分别是生物脱氮和除磷工艺的优质碳源，将产生的 VFAs 用于生物脱氮除磷可以实现剩余污泥原位资源化利用，同时节省投加外碳源的费用；此外，VFAs 是合成生物塑料-聚羟基脂肪酸（PHA）等生物化学品的主要原料[54,55]。因此，厌氧发酵产酸工艺在近些年得到国内外研究者的广泛关注。

在污泥厌氧发酵工艺中，由于胞外聚合物（EPS）的存在，污泥破解和溶解通常成为该工艺的限速步骤，进而导致污泥停留时间（SRT）长且 VFAs 产量较低。因此，研究者尝试采用各种预处理方法促进剩余污泥溶解并优化运行条件，从而提高 VFAs 产量并缩短污泥停留时间。目前各种预处理促进剩余污泥溶解的方法包含物理、化学、生物及组合工艺，部分研究结果如表 1-10 所列。虽然已有大量关于促进厌氧发酵产酸的研究报道，但是各种方法均存在不同程度的缺陷，例如，能耗大、添加剂费用高、处理后污泥固液分离难度加大或有可能对环境造成二次污染等。因此，当前仍然需要寻找更加经济高效且绿色环保的方法以提高厌氧发酵产酸效果。

表 1-10　有机固体废弃物厌氧发酵的各种预处理技术

预处理	条件	效果	参考文献
投加三氯二苯脲	520.5mg/kg TSS，pH 值为 10	378.3mg COD/g VSS	[56]
投加老龄垃圾	400mg/g TS	183.9mg COD/g VSS	[57]
自由亚硝酸和碱预处理	1.54mg/L+pH 值为 10	370.1mg COD/g VSS	[58]
十二烷基苯磺酸钠	0.02g/g TS	2599.1mg COD /L	[59]
高铁酸钾	0.9g/g VSS	2835mg COD /L	[60]
水热炭	220℃	507.33mg COD /L	[61]
CaO$_2$	0.2g/g VSS	284mg COD/g VSS	[62]
自由氨	176.5mg/L	267.2mg COD/g VSS	[63]
自由氨+ CaO$_2$	0.05g CaO$_2$/g VSS + 180mg 自由氨/L	338.6mg COD/g VSS	[64]
过硫酸氢钾	0.08g/g SS	716.72mg COD /L	[65]
热联合 CaO$_2$	热- CaO$_2$	(7.91±0.56)g VFAs/L	[66]
铁活化过硫酸钾	1.25/1.0mmol/g TSS	2255mg COD /L	[67]
自由亚硝酸联合十二烷基苯磺酸钠	1.54mg FNA/L + 0.02g SDBS/g TS	334.5mg COD/g VSS	[68]
碱预处理	pH 值为 10	256.2mg COD/g VSS	[69]

1.3.1.2 厌氧消化产甲烷

厌氧消化工艺产生的甲烷可以就地作为污水处理厂的补充能源，相较于发酵产物 VFAs，甲烷更易收集及利用，并且厌氧消化工艺更加成熟，一些发达国家的污水处理厂已经积累了丰富的运行经验，是目前国内外公认的绿色高效的有机固废处理处置技术之一。但是，厌氧消化工艺通常存在 SRT 长、消化罐体积大、运行不稳定、能耗大且产甲烷量和甲烷浓度偏低等问题，并且该工艺一次性投资大、运行管理成本高、设备维护管理复杂化程度高，除传统难生物降解有机物外，抗生素、抗性基因、絮凝剂、重金属等污染物对厌氧消化工艺的抑制作用日益突出。因此，通常只有少部分规模大、自动化程度高的污水处理厂能够实现厌氧消化工艺的长期稳定运行。

针对上述问题，各国研究者正积极寻找新方法以提高厌氧消化效果。目前，提高厌氧消化产甲烷效果的方法主要有两类：一是采用预处理技术破解污泥或促进直接种间电子传递（DIET），从而提高产气量并缩短 SRT；二是与其他廉价易得的有机废物进行厌氧共消化，以提高产气效果。各种预处理破解剩余污泥的方法包含物理、化学、生物及组合工艺，用于与剩余污泥进行共消化的基质有食品废物、畜禽粪便、藻类、园林废物和水产固废等，部分研究成果见表 1-11；通过促进DIET 以提高厌氧消化效果的部分研究成果见表 1-12。与厌氧发酵产酸工艺类似，虽然传统厌氧消化产甲烷工艺结合各种预处理技术可以不同程度地提高产气效果，但是随着剩余污泥产量的不断提高，现有的技术很难满足日益增长的污泥待处理需求，污水处理厂的处理负担日趋加重，因此，需要寻找新的方法进一步提高产气效果。

表1-11　有机固废厌氧消化产甲烷的各种预处理和共消化技术

预处理	条件	效果	参考文献
酶水解	蛋白酶预处理	增加生物气产量	[70]
自由氨	92.5mg/L，pH值为8.5	196.9mL/g VS	[71]
自由亚硝酸+热解	0.52mg/L+70℃	270.0mL/g VS	[72]
热水解	180℃，76min	272.9mL/g COD	[73]
和隔油池垃圾共消化	共消化	423mL/g VS	[74]
和脂肪、油、油脂共消化	共消化	400mL/g VS	[75]
CaO联合超声	0.04g CaO/g TS 和 20kHz，150W	167.08mL/g VS	[76]
热水解联合 H_2O_2	115℃，5min，1bar+H_2O_2	300mL/g VS	[77]
和家禽粪便共消化	家禽粪便投加量占30%	生物气产量增加50%	[78]
热解、和草莓渣共消化	120℃，2atm，15min	237mL/g VS	[79]
投加生物炭	15g/L	增加产甲烷速率	[80]
自由亚硝酸	6.1mg N/L	增加甲烷产量	[81]
CaO_2	0.14g/g VSS	215.9mL/g VSS	[82]

注：1bar=10^5Pa，1atm=101.325kPa。

表1-12　通过各种导电材料促进厌氧消化过程中的直接种间电子传递

导体材料	条件	效果	参考文献
颗粒活性炭	25～33.33g/L	减少滞后期、增加甲烷产量	[83,84]
牛粪生产的生物炭	10g/L	增加甲烷产量	[85]
胆碱	0.3g/L	225.7mL/g VS	[86]
石墨烯	1g/L	(695.0±9.1)mL/g VS	[87]
导电碳布	丙酸和丁酸作为共基质	增加甲烷产量	[88]

1.3.2　超高温好氧发酵技术

高温好氧发酵（thermophilic composting，TC）是有机固废无害化及资源化的重要手段，在我国的历史可以追溯上千年，其实质是有机物在微生物作用下分解代谢产生热能，促使有机物向稳定的腐殖质转化。同时，高温可以杀灭废物中的病原菌等有害生物、缩小堆体的体积和容重，方便后期贮存和资源化利用，这不仅可解决规模化养殖和燃烧秸秆带来的环境污染问题，而且可以发展有机肥产业，保持和提高土壤肥力，对促进农业可持续发展具有重要意义。传统好氧发酵的最高温度一般维持在 50~70℃，因此也将该好氧发酵技术称为高温好氧堆肥。温度是影响好氧发酵进程的重要因素，整个发酵过程可根据温度高低分为：低温阶段、升温阶段、高温阶段和降温阶段 4 个阶段。最近几年发展起来的超高温好氧发酵（hyper thermophilic composting，HTC）与传统高温好氧发酵（TC）有所区别，如表 1-13 所列。

表 1-13　有机固废超高温好氧发酵和高温好氧发酵的特点对比

特点	HTC	TC
最高温度/℃	>80	50~70
平均温度/℃	70	40
高温持续时间/d	≥80℃，5~7	≥50℃，5~7
发酵周期/d	15~25	30~50
低 C/N 启动	易	难
堆肥腐熟度	GI[①]≥95%	GI≥65%
病原菌抑活率	高	低
质量减少率/%	52.4	45.9
含水率减少率/%	58.9	53.4
有机物减少率/%	66.8	63.8
氮损失率/%	26.2	31
臭气	主要为氨气，无恶臭	NH_3、H_2S、SO_2 及烷烃类
运行费用	低	高

① GI 为种子发芽指数。

在以上各参数中，温度是好氧发酵过程中最重要的参数，在好氧发酵全程都应当严密监控温度的变化。对于传统高温好氧发酵工艺，最高温度维持在 50~70℃，这个温度范围会限制有机物分解、病原菌抑活及腐熟程度。当接种超高温菌剂后，好氧发酵过程的最高温度可以超过 80℃，并且在没有外加热源的条件下高温可以持续 5~7d。超高温好氧发酵过程中共有升温段、超高温段、高温段和腐熟阶段 4 个阶段。由于引入了超高温菌种，有机物降解率、堆肥效率和卫生状况都有明显提高，病原菌杀灭效率由于极高的温度有所提高。同样由于极高的温度，硝化和反硝化过程很难发生，有机氮只能转化成氨氮或未硝化的形式，从而降低了氮损失。

1.4
有机固体废物处理处置政策及发展前景

1.4.1 剩余污泥处理处置相关政策及发展需求

污泥处理处置的费用通常占整个污水处理厂运行费用的 50%以上。因此，环保部门如何制定污泥处理处置相关政策，既解决环境问题又兼顾经济发展是一个严峻的问题。

（1）政策监管及导向

2015 年由国务院颁布的《水污染防治行动计划》（简称"水十条"），明确了现有污泥处理处置设施与地级及以上城市污泥无害化处理处置率应达到的目标。预计涉及污泥处理处置的政策将进一步完善，污泥排放监管将逐渐严格，污泥处理处置行业盈利会得到保证。随着政策完善利好和市场监管等因素的驱动，污泥处理处置行业有望突破瓶颈期，加速发展。

2021 年，国家发展改革委和住房城乡建设部印发了《"十四五"城镇污水处理及资源化利用发展规划》（以下简称《规划》），《规划》期限为 2021～2025 年，展望到 2035 年，旨在有效缓解我国城镇污水收集处理设施发展不平衡不充分的矛盾，系统推动补短板强弱项，全面提升污水收集处理效能，加快推进污水资源化利用，提高设施运行维护水平。《规划》中对污泥处理提出了具体目标：到 2025 年，城市和县城污泥无害化、资源化利用水平进一步提升，城市污泥无害化处置率达到 90%以上；长江经济带、黄河流域、京津冀地区建制镇污水收集处理能力、污泥无害化处置水平明显提升；到 2035 年，城镇污水处理能力全覆盖，全面实现污泥无害化处置，全民共享绿色、生态、安全的城镇水生态环境。

《规划》在推进设施建设方面，提出了具体的建设任务和技术要求。针对污泥处置的建设任务包括：污泥处置设施应纳入本地污水处理设施建设规划。现有污泥处置能力不能满足需求的城市和县城，要加快补齐缺口，建制镇与县城污泥处置应统筹考虑。东部地区城市、中西部地区大中型城市以及其他地区有条件的城市，加快压减污泥填埋规模，积极推进污泥资源化利用。"十四五"期间，新增污泥（含水率 80%的湿污泥）无害化处置设施规模不少于 2 万吨/天。技术要求包括新建污水处理厂必须有明确的污泥处置途径。鼓励采用热水解、厌氧消化、好氧发酵、干化等方式进行无害化处理。鼓励采用污泥和餐厨、厨余废物共建处理设施方式，提升城市有机废物综合处置水平。开展协同处置污泥设施建设时，应充分考虑当地现有污泥处置设施运行情况及工艺使用情况[89]。

除了以上两个关键政策，从 2016 年到 2020 年我国还出台了涉及污泥处理处置的一系列相关政策，如表 1-14 所列。由此，可以看出我国从政策层面对污泥处理处置的不断重视与对未来数年内提高污泥无害化处理率的坚定决心。

表 1-14　近六年其他污泥处理处置相关政策

发布时间	政策名称	主要内容
2016 年	《关于加强城镇污水处理设施污泥处理处置减排核查核算工作的通知》	对城镇污水处理设施污泥处理处置的规范性核查提到了新的高度，将污泥处理处置与减排核查正式捆绑，并提出计算方式
2016 年	《"十三五"全国城镇污水处理及再生利用设施建设规划》	重视污泥无害化处理处置
2018 年	《中华人民共和国水污染防治法》	将污泥妥善处理处置纳入污水总量减排考核，促进综合建设投入低、运营效果稳定、资源利用高的技术发展，驱动污泥处置的资源化与无害化进程
2018 年	《关于燃煤耦合生物质发电技改试点项目建设的通知》	燃煤耦合垃圾发电、燃煤耦合污泥发电技改项目
2019 年	《城镇污水处理提质增效三年行动方案（2019—2021 年）》	推进污泥处理处置及污水再生利用设施建设。尽快将污水处理费收费标准调整到位，原则上应补偿污水处理和污泥处理处置设施正常运营成本并合理盈利
2019 年	《绿色产业指导目录（2019 年版）》	"城镇污水处理厂污泥处置综合利用装备制造"、"城镇污水处理厂污泥综合利用"和"污水处理、再生利用及污泥处理处置设施建设运营"
2020 年	《城镇生活污水处理设施补短板强弱项实施方案》	加快推进污泥无害化处置和资源化利用。到2023 年，城市污泥无害化处置率和资源化利用率进一步提高

（2）收费及补贴政策

一直以来，污泥处理费的落实都是污泥处理处置项目进行的一个难点。目前，随着水价改革逐步到位，污水处理费逐渐覆盖污泥处理成本。针对目前国内污泥处理处置项目（以 BOT 项目为主），《中国污泥处理处置市场分析报告（2014 版）》给出的污泥处理处置全成本区间在 150～500 元/t，平均成本为 270 元/t，折合到污水处理费中约合 0.2 元/t（按每万吨水产生 7t 含水率 80%的污泥计）。

2015 年 1 月，国家发改委、财政部及住房和城乡建设部联合发布《关于制定和调整污水处理收费标准等有关问题的通知》，明确指出 2016 年年底前，设市城市污水处理收费标准原则上每吨应调整至居民不低于 0.95 元，非居民不低于 1.4 元；县城、重点建制镇原则上每吨应调整至居民不低于 0.85 元，非居民不低于 1.2 元。2015 年 10 月，36 城平均污水处理费仅 0.87 元/t，贵州、黑龙江、辽宁等多个地区污水处理费更低，距标准有较大上升空间。

2015 年 10 月，《中共中央国务院关于推进价格机制改革的若干意见》，明确指出："合理提高污水处理收费标准，城镇污水处理收费标准不应低于污水处理和污泥处理处置成本。"随着国家对环保的重视，除了对污泥处理费的落实，全国各地对污泥处置项目也相继颁布补助政策，鼓励污泥处置项目建设，并对运营或项目投资以多种方式实行补助。

2019 年 1 月，根据生态环境部、全国工商联联合发布的《关于支持服务民营企业绿色发展的意见》中"加快构建覆盖污水处理和污泥处置成本并合理盈利的价格机制，推进污水处理服务费形成市场化。加快建立有利于促进垃圾分类和减量化、资源化、无害化处理的固体废物处理收费机制"。污泥处置业务的盈利能力有望提升。

以上国家资金政策方面的支持都为污水处理厂污泥处置工作提供了资金条件，让污泥处理处置切实得到落实，有望快速打开污泥处置市场。

（3）行业发展需求

1）以服务生态文明和美丽中国建设的污泥处理处置总体布局为导向

环境保护事关人民群众切身利益，事关全面建成小康社会，污泥作为污水生物处理过程中的副产物，其能否得到有效处置关乎污水处理的成效。自十八大以来，"生态文明"建设被纳入国家"五位一体"中国特色社会主义总体布局，环境保护得到了前所未有的重视；在十九大中，习近平总书记更是指出"建设生态文明是中华民族永续发展的千年大计"。在建设美丽中国的大背景下，应将服务生态文明建设的污泥处理处置总体布局作为污泥处理处置行业革新的导向，全面落实《水污染防治行动计划》（简称"水十条"）中提出的"污水处理设施产生的污泥应进行稳定化、无害化和资源化处理处置，禁止处理处置不达标的污泥进入耕地。非法污泥堆放点一律予以取缔。现有污泥处理处置设施应于 2017 年底前基本完成达标改造，地级及以上城市污泥无害化处理处置率应于 2020 年底前达到 90%以上"的总体要求。因此，我们有必要将污泥的安全处置与习近平总书记强调要解决的"垃圾围城"等环境民生问题有效衔接，做好污泥的有效收运和集中处理，探索城镇污泥的跨境（界）运输及处置支路，结合生态文明建设新理念，探索污泥处理处置的新方向[90]。

2）以面向污泥处理处置单元/组合技术升级换代的探索为前提

我国污泥具有有机质含量低、含砂量高等特征，对污泥实际处理处置过程产生了一系列明显影响。因此，在实际污泥处理处置过程中，需结合我国污泥泥质特征，提出单元技术和组合技术的全面革新。如在污泥厌氧消化时，采用碱预处理技术、化学氧化预处理技术、高压喷射预处理技术、生物强化技术以及微波预处理技术等，通过对微生物细胞壁破坏和降解，提高有机物的降解和产气量；而好氧发酵过程中通过污泥与填料进行充分混合、搅碎以及控制含水率、C/N 比等预处理手段，促进好氧发酵的进行。因此，根据污泥处理技术的需要，结合相对应的预处理技术，并探索预处理技术与污泥厌氧消化、污泥好氧堆肥等处理技术的组合应用，优化技术参数，使这些富有潜力的技术应用于工程实际中。另外，在传统的工艺中，常将污泥的浓缩、脱水两道工艺分开，导致整个工艺的基建费用大、管理复杂、污泥易流失等问题的出现，针对上述问题，可将近期研发的污泥浓缩脱水一体化设备用于污泥的浓缩脱水，在提高系统效率的同时，降低整套处理设施的占地面积；在此基础上，提出污泥浓缩脱水新技术与现有污泥处理处置工艺匹配的工艺技术路线，提高多元化的污泥泥饼安全处置之路。在污泥焚烧方面，针对我国污泥有机质低、热值较低的实际问题，开发污泥与煤混烧发电技术、污泥与生活垃圾的发电技术以及利用工业锅炉的协同处理污泥技术的污泥焚烧技术。

3）以实现污泥处理处置终端产物的产品/商品化为动力

以解决污泥处理处置终端产物产品/商品化的"临门一脚"问题为出发点，在传统污泥处理处置要求无害化、减量化、资源化、稳定化的基础上，加入"产品化"。当前，污泥处理处置行业发展缓慢，除了技术问题之外，处理处置后污泥的最终出路是限制行业良性发展的主要问题。只有做到处理处置后污泥的产品化，才能更有效地引入市场资本，降低污泥处理处置对政府补贴的过度依赖；才能真正激活我国污泥处理处置的潜力，实现我国污泥处理处置的可持续发展。另外，污泥中除了有毒有害的重金属、病原体、病虫卵及其他污染物外，还含有大量的有机物、氮、磷等高值物质，因此可通过技术创新打通污泥处理处置副产物的产品化之路。例如，经重金属有效控制的生化污水产生的污泥，经厌氧消化、好氧发酵后可实现污泥的土地化利用，实现污泥中有机碳的高效还田；厌氧消化过程产生的生物沼气经提纯后可并网销售，实现价值增值。污泥中的无机物含量较高，日本、德国等国家将其作为建材生产材料加以再生利用。

4）以清洁生产/梯级利用为目标的循环经济产业园区污泥处理处置为模式

工业园概念中提出可通过技术革新和创新实现工业生产废物的循环利用，在实现废物资源化的同时保障经济的持续发展。"十二五"期间，我国政府明确要以服务生态文明建设为前提，大力倡导并积极推进循环经济新理念。在污泥处理处置方面，我国先后建设了一批以服务污泥处理处置为总体目标的固废综合处理产业园、静脉产业园等，对落实国家循环经济发展政策起到了良好的示范效应。例如，呼和浩特市循环经济环保科技示范园项目园区在处理市政污泥时，将产业园区工业生产余热和蒸汽用到污泥热水解处理单元中，实现了污泥的高效热解和干化；通过污泥和其他固废的协同燃烧，在实现污泥有效处置的同时，生产电能，实现了污泥和其他固废的协同能源化处置。在此基础上，辅以必要的污水、废气及固废处理设施，能够保证园区内的污水、污泥以及焚烧产出的飞灰、臭气的"零排放"。因此，今后市政污泥的处理处置可以通过依托循环经济产业园、静脉产业园建设，在保证污泥有效处置的同时，实现余热、电、生物能等的梯级利用。

5）以智能化、精细化的污泥处理处置设备升级及研发为着力点

以污泥处理处置设备的智能化、精细化为发展方向，设定统一的污泥处理处置设备的生产标准、评价规范。将污泥处理处置设备生产与我国推行的工业建设 4.0

思想相结合，全面提高市场准入门槛；通过智能化的设备研发生产，减少污泥设备运行过程中操作人员的数量。如在好氧发酵污泥处理处置工程建设中将物联网和工业化 4.0 的思路建设融入其中，建成集污泥智能化输送、智能化发酵、智能化除臭、智能控制平台和资源化于一体的智能化成套设备。该技术可实现好氧发酵过程的智能控制和无人值守，大幅降低人工成本，改善操作环境，并能有效控制二次污染产生。

6）以探索跨行业、部门的污泥处理处置产业全链条发展为保障

我国城镇污泥产量巨大，其处理处置涉及多行业、多部门权益；因此单一的行业政策难以满足及时有效地消纳污泥，所以污泥处理处置行业要和其他资源化行业开展资源整合以及技术、生产对接，推动相关产业链的发展。例如，将污泥处理处置与污泥、粪便、秸秆、生活垃圾等固废厌氧共发酵技术相结合，提高污泥中能源物质的开发和副产物的价值。另外，污泥处理处置设施的建设、运行和污泥的最终处置涉及了国家发改委、住房和城乡建设部、生态环境部、农业农村部、工业和信息化部、财政部等多部门，因此，为了推动污泥处理处置的全面发展和污泥产品的最终合理处置，需要上述部门在充分调研的基础上，基于我国泥质现状，制定污泥处理处置的核心技术路线，并通过政策引导，大力推进污泥处理处置；因此，我们需要结合市场实际需求，通过多部门、跨行业的政策、标准制定，实现污泥处理处置全链条的打通，实现污泥处理处置产业升级和更新换代。

1.4.2 水产养殖业污染的非工程性措施

随着我国水产养殖业的迅速发展，环境问题日益凸显，大量废弃物没有达标排放，导致环境的自身净化能力赶不上污染的速度，致使环境受到严重破坏。《中华人民共和国环境保护法》中对水产养殖污染的排放、净化等方面都有明确规定。因此，在水产养殖过程中必须按照有关规定执行，同时应做好以下工作。

（1）健全水产养殖法律体系和许可证制度

针对环境污染，首先应在法律和制度两个层面考虑：在法律层面上，应健全法律体系，不仅在法律条文上进行内容扩充，更重要的是严格执行；在制度层面上，应健全水产养殖相关制度，不仅要对整体养殖的标准有详细说明，在具体制度上要对各类水产养殖内容进行扩充，从标准上严格要求，严厉惩处，尤其在环境卫生许可证方面要不断完善制度，加大检查和惩处力度。

（2）确立严格监管机制，提升环境监管能力

任何行业都需要一定的监管机制，水产养殖业更应如此，在进行水产养殖环境污染惩处时，要确立严格的监管机制，各个方面都进行检查，加大力度不留死角。在水产养殖饲养环境与养殖污泥排放方面，可以从水产养殖的方式入手，逐步筛查，有环境破坏的要进行相应实施办法的检查和监督，保证每个环节都有人员、有标准，让环境监管更加健全，发挥最大的作用。

（3）完善税收补助政策，建立高效奖惩机制

在健全制度、严格处罚的前提下，可以出台一些奖励和补助政策，针对环境问题，从环境标准入手，对符合制定标准的可以进行一定程度的补贴。例如，韩国的政府补贴政策就比较完善，这些补贴政策在水产养殖、饲料投放等方面都有详细的规定，并且韩国政府根据养殖户提供的配合饲料购买收据对饲料差价（与生鲜饲料的差价）给予100%的补贴。这样会大大促进养殖户选择好饲料，同时对环境污染也起到一定的抑制作用。

（4）提高从业人员的环保意识和综合素质

大多水产养殖从业人员的学历、技术等水平都较低，对保护环境的意识较薄弱，对环境的保护比较单一。应提高从业人员的环境保护意识，提供免费的培训机会，让从业者学习更多的环保知识，在养殖过程中提升养殖技术。

水产养殖业的发展令人欢欣鼓舞，但随之带来的环境危害也着实令人担忧。面对水产养殖业污染的环境问题，应找出原因，加大各个层面的监督和管理力度，同时也应加大从业人员的监督管理和培训，提升养殖技术水平[91]。

1.4.3 餐厨垃圾处理处置相关政策

1.4.3.1 国外餐厨垃圾处理政策

（1）注重垃圾分类处理的日本餐厨垃圾处理政策

1）制定专门法律，明确餐厨垃圾循环利用目标

日本在2000年颁布了《食品循环资源再生利用促进法》，要求在全国范围内杜绝严重的食品浪费现象，并出台了食品垃圾回收和再利用的相关规定。2007年对《食品循环资源再生利用促进法》进行了修订，对食品废弃物资源化利用提出了抑制发生、循环利用、减量处理等规定，要求餐厨垃圾再生利用率须达到40%。此外，农林水产省、经济产业省、环境省等部门又联合发布了《食品循环资源再生利用促进基本方针》，对食品加工制造业、食品批发业、食品零售业、餐饮企业四类食品相关行业的再生利用目标进行了量化。

2）激励政策完善，排放目标明确

为降低处理餐厨垃圾的难度，提高餐厨垃圾处置企业投资的积极性，日本政府采取多项激励政策，如"餐厨垃圾收运处理费减""免费捐赠餐厨垃圾分类排放设备"等。2002年，食品相关行业开始投资餐厨垃圾处理业，政府对研发和事业化的资金补助为50%。此外，食品行业的各个细分行业均有废弃物排放目标值，并且逐年对食品废弃物排放量较高的细分行业进行追加。

3）实施食品废弃物定期申报和再生利用计划认定制度

根据《食品循环资源再生利用促进法》规定，年排放超过100t食品废弃物的企业，必须如实上报食品废弃物排放量和可循环资源的再生利用数据。对于废弃物的

循环再利用，要求企业在相关部门登记。企业获得再生利用许可后，必须严格按照有关规定运行。其要求进行食品行业的肥料加工和饲料生产等再生利用业务时，须委托具有再生利用许可资质的企业承担。

（2）制度相对健全的美国餐厨垃圾处理政策

1）立法对餐厨垃圾运输提出要求

美国的《固体废弃物污染防治法》要求对餐厨垃圾回收、运输中可能存在的问题做好应急措施。作为全球经济大国，美国城市垃圾的产生量不断上升，其中食物浪费约合 310 亿美元。为此，美国政府采取多项措施将餐馆、企业、学校等多余食物捐助到各个州的食物贮存点，如"12 篮"工程、"二次收货"工程、"食物储藏网络"工程等，以此减少餐厨垃圾的堆积量。

2）培养国民良好的环保意识

美国居民具有良好的环境保护意识，"厨房废弃物粉碎机"几乎是每个家庭必备的垃圾处理设备，不含油脂的餐厨垃圾直接用其打碎进入下水道。政府指定相应企业收集处理含有油脂的其他餐厨垃圾，再加以循环利用。此外，社区设有回收站，对于餐后油脂较大的垃圾，居民会将其密封后送往指定垃圾箱，以此减轻垃圾分类的工作量。

3）制度健全，奖罚分明

美国政府制定了相对健全的餐厨垃圾管理制度，并明确奖惩方法。废弃油脂收集公司在拥有政府许可证后才可以营业，并且每年会获得政府的相关补贴，政府以此激励废弃油脂收集公司的回收加工积极性，在一定程度上杜绝了废弃油脂散布的现象。另外，政府会对私自卖出废弃油脂的公司给出相应惩罚，如罚款、停业等。另一方面，环保部门通过收取较高的排污费用来倒逼产生餐厨垃圾的相关企业、单位收集废弃油脂，并由专门机构来对排出的废水成分进行跟踪监测，从而调动餐厨垃圾生产企业收集废弃油脂的积极性，降低餐厨垃圾无人管理的风险。

（3）注重源头处理的英国餐厨垃圾处理政策

1）在餐厨垃圾的源头处理、规范分类、政企结合等方面采取措施

据 2015 年英国垃圾资源行动纲要显示，英国通过对餐厨垃圾进行处理，每年可减排二氧化碳 2000 万吨。此外，英国垃圾分类规范，每个家庭的垃圾箱根据垃圾种类有不同颜色，并由政府统一规定。

2）设立专门回收点，保证餐厨垃圾及时处理

为更好地收集废物油脂，政府在居民社区设立废气油脂回收点。居民须将餐后的废弃油脂密封后放到指定地点，以便于专业企业进行收集处理。餐饮企业不得私自出卖废弃油脂，如果被发现将处以高额罚款。

3）鼓励资源再利用

2011 年，英国建设了全球首座全封闭式餐厨垃圾发电厂，每天可以处理 12 万吨餐厨垃圾。未来英国还将新建约 100 座垃圾发电厂。此外，餐厨垃圾处理设备制

造企业频现，餐厨垃圾处理后生产出的有机肥料可作为二次收入。

（4）注重立法治理的德国餐厨垃圾处理政策

1）国家立法治理生活垃圾

德国制定了 800 余项法律来治理垃圾，政府多采取事前预防措施来协调垃圾处理与环境问题。此外，在监管制度上，政府负责监控餐饮行业全流程，其中餐饮行业相关企业需要将废弃油脂回收单位、餐厨垃圾回收处理方式等向政府事先报备，以便在有问题出现时政府可以及时找到责任人。另一方面，食用油生产有严格的标准，如果相关生产厂家未能达到标准将会面临巨额损失。德国政府还要求餐饮企业必须安装油水分离设备，泔水必须经过该设备处理后才可卖给政府许可的公司回收处理。

2）建立垃圾处理公司，及时收集和处理生活垃圾

德国很早就开始了垃圾分类收集，其拥有上百家不同的垃圾处理公司，分别负责不同区域的垃圾收集与处理。德国每家每户都有不同颜色的分类垃圾桶，分类投放的垃圾由环卫公司定时收取。每年，居民都会收到一张"垃圾清理日程表"，包含哪天来清理哪类垃圾的信息。居民要按垃圾桶容积和清运频率缴纳垃圾处理费。家庭的餐厨垃圾和花园垃圾被分类在生物垃圾桶里。

（5）其他欧洲国家餐厨垃圾处理政策

荷兰制定了《环境管理法》，要求政府对其管辖范围内私人厨房产生的垃圾，每周至少收集一次。瑞典制定了《清洁卫生法》《健康环境保护法》《环境保护条例》，明确规定餐饮企业等单位应清洁生产，禁止随意倾倒废弃油脂污染环境。《废弃物收集与处置法》，它要求对餐厨垃圾收集运输要使用政府指定的运输工具，并由政府指定的企业进行收集，禁止随意买卖。新西兰在1998年前颁布法规，规定用于饲养家畜的餐厨垃圾必须经过消毒处理。

总的来看国外餐厨垃圾处理：一是比较注重垃圾分类；二是制定了政策法规并有配套的实施办法；三是建立了严厉的惩罚手段；四是餐厨垃圾分类处理理念深入人心。不同国家对餐厨垃圾的处理政策侧重不同，例如，日本对垃圾进行了非常详细的分类回收处理；英国则注重餐厨垃圾的源头处理、规范分类、政企结合；美国和德国则制定了非常详细的法律法规。这些，均为我国餐厨垃圾处理提供了思路和借鉴[92]。

1.4.3.2 我国餐厨垃圾处理国家政策及地方法规

国家层面，2009 年实施的《中华人民共和国循环经济促进法》为餐厨垃圾等循环经济产业提供了资金支持，第一批 33 个试点城市（区）获得中央财政循环经济发展专项资金 6.3 亿元的支持。此外，《中华人民共和国固体废物污染环境防治法》《餐饮企业经营规范》对餐厨垃圾的产生与分类进行了说明；《中华人民共和国畜牧法》《中华人民共和国食品安全法》《中华人民共和国农产品质量安全法》中也对餐厨垃圾的处理进行了规定。在国家政策的影响下，各地方也陆续制定了餐厨垃圾资

源化相关政策，截至 2016 年 9 月底，100 个试点城市（区）中有 68 个已出台实施了餐厨垃圾管理办法。这些法规初步形成了体系，推动了中国餐厨垃圾资源化利用系统的建设。

目前，餐厨垃圾处理比较成熟的地方有苏州、西宁和宁波等地[93]。

（1）苏州模式

2006 年，苏州市政府出台了相关的法律法规，对餐厨垃圾处理的方法进行了探索与相关试点。2007 年，苏州市政府与清华大学进行了深度合作，向国家申请了相关的科技支撑项目，餐厨垃圾处理正是这个项目中最为主要的组成部分。这个项目位于苏州市内的产业园内，并在 2009 年建成了餐厨处理设施，其日处理量为 100t，在 2010 年正式运行。就苏州而言，其从 2006 年开始起草、编制了相关的餐厨垃圾管理制度，并在之后的五年内不断对各种制度进行探索与完善，在 2010 年印发了《苏州城区餐厨垃圾收集、运输、处置监管考核方法》。在开展餐厨垃圾收集时，按照"先易后难，抓大不放小"的原则，从各大院校、企事业单位食堂、机关食堂、三星级以上宾馆、餐饮一条街和餐饮龙头企业连锁店逐步向主城区所有餐饮企业延伸。经过多年的实践，苏州市如今已经基本形成了"属地化两级政府协同管理、收运处一体化市场运作"餐厨垃圾资源化利用和无害化处理的"苏州模式"。

（2）西宁模式

在 2007 年，西宁市政府通过多种方式如市场化运作、统一收运处理等方式，对市区内产生的餐厨垃圾在经过收集、运输、固液分离、破碎、无害化处理等步骤后，基本上也实现了对餐厨垃圾的无害化处理。时至今日，西宁市已经完成了餐厨垃圾从源头上收集的基本任务。西宁市政府也积极对居民进行宣传教育，鼓励其对家庭的餐厨垃圾进行分类，并在实际过程中采用先试点再进行推广的方法，预计未来也能够实现对居民的餐厨垃圾进行统一的运输和集中处置。为了响应国家号召，西宁市城市管理局根据《中华人民共和国固体废物污染环境防治法》《西宁市餐厨垃圾管理条例》等有关法律法规的规定，对原餐厨垃圾收运处置考核办法进行修订完善，出台了《西宁市餐厨垃圾收集运输处置企业监管考核办法（试行)》，于 2019 年 4 月 1 日正式实施。

（3）宁波模式

在宁波，市政府采取了公开招标的方式，确定回收运营单位。政府还出资购买了一些餐厨垃圾收运专用车辆，以供企业使用。目前，宁波市已经有 70% 以上的餐饮单位签订了收运协议，其产生的餐厨垃圾在经过高温消毒、生化处理等多个工序后，实现了减量化、无害化、资源化处理。截至 2018 年 3 月，市中心城区已累计收运、处置餐厨垃圾近 90 万吨，提炼工业油脂近 2 万吨，利用沼气近 1200 万立方米。宁波市还响应国家号召，积极出台新的政策，如《宁波市餐厨垃圾管理办法》在 2018 年 11 月 5 日经市人民政府第 40 次常务会议审议通过，于 2019 年 1 月 1 日起正式施行。

目前法规政策体系存在两个主要问题：一是缺乏国家层面统一立法。国家层面的《餐厨废弃物管理条例》尚未成文，关于餐厨垃圾的相关规定零散地分布在《固体废物污染环境防治法》等其他法规条文中，各地法规难以形成一致。二是监管主体混乱。城管部门、环保部门、卫生部门、工商部门、质监部门、农业部门以及食品药品监管局等机构分阶段进行监管，难以协调一致。因此，一方面应加紧餐厨垃圾资源化统一性、全国性立法的起草制定，完善相应法规体系；另一方面，应明确监管行政主体的职责，采用某一行政部门为主导、其他部门协助的监管模式，以提高监管效率。

1.4.4 畜禽粪便处理应对措施建议

当前，我国畜禽养殖处在转型的关键阶段，正由传统个体养殖转变成为现代化、规模化、产业化的畜禽养殖，各种养殖技术被充分利用和推广。但在转型过程中也出现一些严重问题，如畜禽粪便处理不合理、环境严重污染等[94]。这些问题已经成为制约畜禽养殖业发展的主要问题。因此，有必要探寻畜禽养殖污染的解决措施。

（1）重点推行生态种养结合模式

通过建立养殖业和种植业结合模式，将畜禽废弃物和种植业中的果蔬等充分结合，通过借鉴废弃物资源化利用的成功经验，依据养殖业的实际情况来减少畜禽废弃物的污染。政府应该深入实施相关技能培训，激励毕业大学生、外出返乡青年等参加畜牧业现代化建设，带头开办专业合作社、特色家庭农场、废弃物资源化处理中心等，全力培养新型现代农民，不断提升当代农户整体素质。其次，企业应当以身作则，承担社会责任，不断创新，开发新技术，加快农村能源建设的步伐，以实现人畜分离、种养结合，进一步促进畜牧业健康可持续发展，最终改善农村环境。

（2）鼓励和推行规模化养殖

落实《"十四五"全国畜牧兽医行业发展规划》，逐步促进标准化规模养殖，建设粪污收集、储存、处理和利用设施，达到养殖环节减量排放的目的。依据现代畜牧业的建设要求，实现适度规模养殖和生态农场的养殖目标。通过引导和鼓励农户建立畜禽废水处理中心等服务行业，提高环保意识。通过对废弃物的再加工处理来提升废弃物资源化利用率。除此之外还要树立服务意识，继续加强日常指导工作，并鼓励开办畜禽废水和沼液的综合利用服务中心，为养殖户提供废水、沼液的相关服务。鼓励和支持利用畜禽排泄物生产有机肥的相关企业，提高资源化利用率。

（3）加强监管防止污染

一是必须严格执行畜禽养殖业环境准入机制。未批准就建设或者已经建成的规模化畜禽养殖场，相关部门必须依据法规补办其相关的审批手续，并且监督落实畜禽粪便污染处理方法。二是必须遵照禁养区和限养区的规定。要求禁养区内各种养殖场限日搬离出去。限养区必须控制养殖场的规模并且保证环境不被污染。三是加强监管畜禽养殖场环境情况。环保部门应该运用专项督查或联合执法等方法，依据法律规定惩治畜禽养殖场各类破坏环境的违法行为。对未治理的规模养殖场，必须要求其限日治理并且使治污设施正常运行。要全面管理养殖排泄物对环境的污染，要根据资源化有效利用的方式，将养殖业与种植业、二产加工业紧紧联系起来，使畜牧业废弃物循环成为产业链发展的特别环节，以达到无害化处理的目的。

（4）普遍采取资源循环利用技术与畜禽养殖清洁生产技术

畜牧业部门要发挥其职能，促进牲畜排泄物处理技术的研究，从而提升科技创新能力，提高资源的利用率。为分解、转化排泄物中的有毒有害物质，提高牲畜的饲料利用率，必须创新环保节约型饲料技术并采纳科学合理的饲料配方。运用科学的牲畜房舍结构和生产工艺使粪与尿、降水和污水得以分离，从而减少污水的产生量和污水中的氮浓度。

（5）加强对畜禽废弃物资源化利用的支持力度

一是鼓励和支持合理利用有机肥以及建设规模养殖场。加强对相关企业和养殖业主的扶持力度，从而使畜禽废弃物、沼渣以及沼液得到资源化利用。二是加强对畜禽排泄物的处理和利用。加强扶持规模化养殖场并且给予一定的财政支持和技术指导。加大对购置畜牧业在处理、运输等方面的相关机械处理设备的扶持力度以及加大优惠政策。

（6）因地制宜优化治理技术

一是严格过程管理。首先可以在养殖规模上确定土地能够承受的合理承载能力，采用因地制宜改善和优化治理技术。其次是在管理上建立肥料化还田的合理渠道，明确肥料化利用能够减少废弃物污染问题。二是优化和完善治理技术流程。加大混合原料发酵、沼气提纯罐装、粪肥沼肥施用等技术和设备的开发普及力度，全面推广种植业和畜牧业紧密结合的粪污处理模式。在技术水平上，全面提升畜禽废弃物资源化利用能力[95]。

参考文献

[1] Gherghel A, Teodosiu C, Gisi S D. A review on wastewater sludge valorisation and its challenges in the context of circular economy [J]. Journal of Cleaner Production, 2019, 228: 244-263.

[2] 翁焕新. 污泥无害化、减量化、资源化处理新技术 [M]. 北京: 科学出版社, 2009.

[3] FAO. The state of world fisheries and aquaculture 2016 [R]. Rome: Food and Agriculture Organization of the United Nations, 2018.

[4] Xiao R C, Wei Y G, An D, et al. A review on the research status and development trend of equipment in water treatment processes of recirculating aquaculture systems [J]. Reviews in Aquaculture, 2019, 11: 863-895.

[5] Kratky L, Zamazal P. Economic feasibility and sensitivity analysis of fish waste processing biorefinery [J]. Journal of Cleaner Production, 2020, 243: 118677.

[6] Jasmin M Y, Syukri F, Kamarudin M S, et al. Potential of bioremediation in treating aquaculture sludge: Review article [J]. Aquaculture, 2020, 519: 734905.

[7] White C A, Woodcock S H, Bannister R J, et al. Terrestrial fatty acids as tracers of finfish aquaculture waste in the marine environment [J]. Reviews in Aquaculture, 2017, 11 (1): 133-148.

[8] Luo G Z, Liang W Y, Tan H X, et al. Effects of calcium and magnesium addition on the start-up of sequencing batch reactor using biofloc technology treating solid aquaculture waste [J]. Aquacultural Engineering, 2013, 57: 32-37.

[9] Ivanovs K, Spalvins K, Blumberga D. Approach for modeling anaerobic digestion processes of fish waste [J]. Energy Procedia, 2018, 147: 390-396.

[10] Choe U, Mustafa A M, Lin H J, et al. Effect of bamboo hydrochar on anaerobic digestion of fish processing waste for biogas production [J]. Bioresource Technology, 2019, 283: 340-349.

[11] Solli L, Horn S J. Process performance and population dynamics of ammonium tolerant microorganisms during co-digestion of fish waste and manure [J]. Renewable Energy, 2018, 125: 529-536.

[12] Gichana Z M, Liti D, Waidbacher H, et al. Waste management in recirculating aquaculture system through bacteria dissimilation and plant assimilation [J]. Aquaculture International, 2018, 26 (6): 1541-1572.

[13] Gao M T, Hirata M, Toorisaka E, et al. Acid-hydrolysis of fish wastes for lactic acid fermentation [J]. Bioresource Technology, 2006, 97: 2414-2420.

[14] Saidi R, Liebgott P P, Hamdi M, et al. Enhancement of fermentative hydrogen production by *Thermotoga maritima* through hyperthermophilic anaerobic co-digestion of fruit-vegetable and fish wastes [J]. International Journal of Hydrogen Energy, 2018, 43 (52): 23168-23177.

[15] Mo W Y, Man, Y B, Wong M H. Use of food waste, fish waste and food processing waste for China's aquaculture industry: Needs and challenge [J]. Science of the Total Environment, 2018, 613: 635-643.

[16] Kannan S, Gariepy Y, Raghavan G S V. Optimization of the conventional hydrothermal carbonization to produce hydrochar from fish waste [J]. Biomass Conversion and Biorefinery, 2018, 8: 563-576.

[17] Jayasinghe P, Adeoti I, Hawboldt K. A study of process optimization of extraction of oil from fish waste for use as a low-grade fuel [J]. Journal of the American Oil Chemists' Society, 2013, 90: 1903-1915.

[18] Lopes I G, Lalander C, Vidotti R M, et al. Using *Hermetia illucens* larvae to process biowaste from aquaculture production [J]. Journal of Cleaner Production, 2020, 251: 119753.

[19] 邴君妍, 罗恩华, 金宜英, 等. 中国餐厨垃圾资源化利用系统建设现状研究 [J]. 环境科学与管理, 2018, 43 (4): 39-43.

[20] 崔文静, 陆敏博. 餐厨垃圾处理现状及今后发展趋势 [J]. 广东化工, 2021, 19 (48): 140-141.

[21] 蔡相毅. 养殖场畜禽粪便的合理处置 [J]. 养殖污染治理, 2020 (8): 36.

[22] 吴明红, 包伯荣. 辐射技术在环境保护中的应用 [M]. 北京: 化学工业出版社, 2002.

[23] 吴明红, 刘宁, 徐刚, 等. 辐射技术在环境保护中的应用 [J]. 化学进展, 2011, 23 (7): 1547-1557.

[24] 李辉, 王振宇, 白海娜. 多酚类化合物电离辐射防护研究进展 [J]. 食品工业科技, 2015, 36 (14): 384-399.

[25] Pikaev A K. Current status of the application of ionizing radiation to environmental protection: III. sewage sludge, gaseous and solid systems (a review) [J]. High Energy Chemistry, 2000, 34 (3): 129-140.

[26] 薛广波. 实用消毒学 [M]. 北京: 人民军医出版社, 1986.

[27] 王建龙, 叶龙飞, 杨春平, 等. 电子加速器辐射处理含氰废水的中试研究 [J]. 环境科学学报, 2014, 34 (1): 60-66.

[28] 何仕均, 王建龙, 顾国兴, 等. 氰化物溶液的 γ 辐射降解 [J]. 清华大学学报 (自然科学版), 2010, 50 (3): 415-417.

[29] 孙永亮, 李欣, 王洁, 等. 电子束辐射技术在剩余污泥处理中的应用 [J]. 原子核物理评论, 2013, 30 (1): 72-78.

[30] 望姣赟, 胡湖生, 杨党明, 等. 电离辐射处理工业废水的研究进展 [J]. 新疆环境保护, 2007, 29 (2): 41-44.

[31] 望姣赟, 杨明德, 胡湖生, 等. 氰化钠溶液的电子束辐射降解 [J]. 环境科学学报, 2008, 28 (5):

971-975.

[32] 王宝章. 辐射技术在治理三废中的应用 [M]. 北京: 原子能出版社, 1983.

[33] 袁守军. γ-射线辐射处理对污泥厌氧消化及污泥重金属形态的影响 [D]. 南京: 南京大学, 2005.

[34] 郑忆枫, 陈群, 曹长青, 等. γ-射线对不同含水率剩余污泥的影响 [J]. 环境科学与技术, 2011, 34 (6): 144-147.

[35] 牟艳艳, 袁守军, 崔磊, 等. γ-射线预处理对改善污泥厌氧消化特性的影响研究 [J]. 核技术, 2005, 28 (10): 751-754.

[36] Zheng Z, Kazumi J, Waite T D. Irradiation effects on suspended solids in sludge [J]. Radiation Physical and Chemistry, 2001, 61 (3-6): 709-710.

[37] 曹德菊, 庞晓坤, 周诗华, 等. ^{60}Co γ-射线诱变活性性污泥辅助处理生活污水的研究 [J]. 环境科学学报, 2005, 25 (4): 540-544.

[38] Meeroff D E, Waite T D, Kazumi J, et al. Radiation-assisted process enhancement in wastewater treatment [J]. Journal of Environmental Engineering, 2004, 130 (2): 155-166.

[39] 唐蕾, 侯锋, 黄胜. γ辐射及壳聚糖对污泥脱水的性能研究 [J]. 广州化工, 2008, 36 (2): 69-70.

[40] Wang J L, Wang J Z. Application of radiation technology to sewage sludge processing: A review [J]. Journal of Hazardous Materials, 2007, 143 (1-2): 2-7.

[41] Sawai T, Yamazaki M, Shimokawa T, et al. Improvement of sedimentation and dewatering of municipal sludge by irradiation [J]. Radiation Physics and Chemistry, 1990, 35 (1-3): 465-468.

[42] Waite T D, Wang T Z, Kurucz C N, et al. Parameters affecting conditioning enhancement of biosolids by electron beam treatment [J]. Journal of Environmental Engineering, 1997, 123 (4): 335-344.

[43] Guan B H, Yu J, Fu H L. Improvement of activated sludge dewaterability by mild thermal treatment in CaCl$_2$ solution [J]. Water Research, 2012, 46 (2): 425-432.

[44] 陈小粉, 李小明, 杨麒, 等. 淀粉酶促进剩余污泥热水解的研究 [J]. 中国环境科学, 2011, 31 (3): 396-401.

[45] 董滨, 刘晓光, 戴翎翎, 等. 低温短时热水解对剩余污泥厌氧消化的影响 [J]. 同济大学学报 (自然科学版), 2013, 41 (5): 716-721.

[46] 王志军, 王伟. 剩余污泥的热水解试验 [J]. 中国环境科学, 2005, 25 (增): 56-60.

[47] Tyagi V K, Lo S L. Application of physico-chemical pretreatment methods to enhance the sludge disintegration and subsequent anaerobic digestion: An up to date review [J]. Reviews in Environmental Science and Biotechnology, 2011, 10 (3): 215-242.

[48] 吴静, 姜艳, 曹知平, 等. 剩余污泥低温热水解中试 [J]. 清华大学学报 (自然科学版), 2015, 55 (1): 93-97.

[49] Apples L, Degreve J, Bruggen B V D, et al. Influence of low temperature thermal pre-treatment on sludge solubilisation, heavy metal release and anaerobic digestion [J]. Bioresource Technology, 2010, 101 (15): 5743-5748.

[50] Neyens E, Baeyens J. A review of thermal sludge pre-treatment processes to improve dewaterability [J]. Journal of Hazardous Materials, 2003, B98 (1-3): 51-67.

[51] Bougrier C, Delgenès J P, Carrère H. Effects of thermal treatments on five different waste activated sludge samples solubilisation, physical properties and anaerobic digestion [J]. Chemical Engineering Journal, 2008, 139 (2): 236-244.

[52] Guo Y D, Guo L, Sun M, et al. Effects of hydraulic retention time (HRT) on denitrification using waste activated sludge thermal hydrolysis liquid and acidogenic liquid as carbon sources [J]. Bioresource Technology, 2017, 224: 147-156.

[53] Zhen G Y, Lu X Q, Kato H, et al. Overview of pretreatment strategies for enhancing sewage sludge

disintegration and subsequent anaerobic digestion: Current advances, full-scale application and future perspectives [J]. Renewable & Sustainable Energy Reviews, 2017, 69: 559-577.

[54] Zuo Z Q, Zheng M, Xiong H L, et al. Short-chain fatty acid (SCFA) production maximization by modeling thermophilic sludge fermentation [J]. Environmental Science-Water Research & Technology, 2019, 5 (1): 11-18.

[55] Yuan R X, Shen Y W, Zhu N W, et al. Pretreatment-promoted sludge fermentation liquor improves biological nitrogen removal: Molecular insight into the role of dissolved organic matter [J]. Bioresource Technology, 2019, 293: 122082.

[56] Wang Y L, Wang D B, Liu Y W, et al. Triclocarban enhances short-chain fatty acids production from anaerobic fermentation of waste activated sludge [J]. Water Research, 2017, 127: 150-161.

[57] Zhao J W, Gui L, Wang Q L, et al. Aged refuse enhances anaerobic digestion of waste activated sludge [J]. Water Research, 2017, 123: 724-733.

[58] Zhao J W, Wang D B, Li X M, et al. Free nitrous acid serving as a pretreatment method for alkaline fermentation to enhance short-chain fatty acid production from waste activated sludge [J]. Water Research, 2015, 78: 111-120.

[59] Jiang S, Chen Y G, Zhou Q, et al. Biological short-chain fatty acids (SCFAs) production from waste-activated sludge affected by surfactant [J]. Water Research, 2007, 41: 3112-3120.

[60] Li L, He J G, Xin X D, et al. Enhanced bioproduction of short-chain fatty acids from waste activated sludge by potassium ferrate pretreatment [J]. Chemical Engineering Journal, 2018, 332: 456-463.

[61] Wang X L, Zhao J W, Yang Q, et al. Evaluating the potential impact of hydrochar on the production of short-chain fatty acid from sludge anaerobic digestion [J]. Bioresource Technology, 2017, 246: 234-241.

[62] Li, Y M, Wang J, Zhang A, et al. Enhancing the quantity and quality of short-chain fatty acids production from waste activated sludge using CaO_2 as an additive [J]. Water Research, 2015, 83: 84-93.

[63] Zhang C, Qin Y G, Xu Q X, et al. Free ammonia-based pretreatment promotes short-chain fatty acid production from waste activated sludge [J]. Acs Sustainable Chemistry & Engineering, 2018, 6 (7): 9120-9129.

[64] Wang D B, Shuai K, Xu Q X, et al. Enhanced short-chain fatty acids production from waste activated sludge by combining calcium peroxide with free ammonia pretreatment [J]. Bioresource Technology, 2018, 262: 114-123.

[65] Jin B D, Niu J T, Dai J W, et al. New insights into the enhancement of biochemical degradation potential from waste activated sludge with low organic content by Potassium Monopersulfate treatment [J]. Bioresource Technology, 2018, 265: 8-16.

[66] Yu L, Zhang W D, Liu H, et al. Evaluation of volatile fatty acids production and dewaterability of waste activated sludge with different thermo-chemical pretreatments [J]. International Biodeterioration & Biodegradation, 2018, 129: 170-178.

[67] Luo J Y, Wu L J, Feng Q, et al. Synergistic effects of iron and persulfate on the efficient production of volatile fatty acids from waste activated sludge: Understanding the roles of bioavailable substrates, microbial community & activities, and environmental factors [J]. Biochemical Engineering Journal, 2019, 141: 71-79.

[68] Zhao J W, Liu Y W, Ni B J, et al. Combined effect of free nitrous acid pretreatment and sodium dodecylbenzene sulfonate on short-chain fatty acid production from waste activated sludge [J]. Scientific Reports, 2016, 6: 1-8.

[69] Yuan H Y, Chen Y G, Zhang H X, et al. Improved bioproduction of short-chain fatty acids (SCFAs) from excess sludge under alkaline conditions [J]. Environmental Science & Technology, 2006, 40 (6):

2025-2029.

[70] Agabo-Garcia C, Perez M, Rodriguez-Morgado B, et al. Biomethane production improvement by enzymatic pre-treatments and enhancers of sewage sludge anaerobic digestion [J]. Fuel, 2019, 255: 115713.

[71] Wang D B, Liu B W, Liu X R, et al. How does free ammonia-based sludge pretreatment improve methane production from anaerobic digestion of waste activated sludge [J]. Chemosphere, 2018, 206: 491-501.

[72] Wang Q L, Jiang G M, Ye L, et al. Enhancing methane production from waste activated sludge using combined free nitrous acid and heat pre-treatment [J]. Water Research, 2014, 63 (7): 71-80.

[73] Choi J M, Han S K, Lee C Y. Enhancement of methane production in anaerobic digestion of sewage sludge by thermal hydrolysis pretreatment [J]. Bioresource Technology, 2018, 259: 207-213.

[74] Grosser A, Neczaj E. Sewage sludge and fat rich materials co-digestion-Performance and energy potential [J]. Journal of Cleaner Production, 2018, 198: 1076-1089.

[75] Kurade M B, Saha S, Salama E S, et al. Acetoclastic methanogenesis led by *Methanosarcina* in anaerobic co-digestion of fats, oil and grease for enhanced production of methane [J]. Bioresource Technology, 2019, 272: 351-359.

[76] Yuan H R, Guan R L, Wachemo A C, et al. Enhancing methane production of excess sludge and dewatered sludge with combined low frequency CaO-ultrasonic pretreatment [J]. Bioresource Technology, 2019, 273: 425-430.

[77] Abelleira-Pereira J M, Perez-Elvira S I, Sanchez-Oneto J, et al. Enhancement of methane production in mesophilic anaerobic digestion of secondary sewage sludge by advanced thermal hydrolysis pretreatment [J]. Water Research, 2015, 71: 330-340.

[78] Borowski S, Weatherley L. Co-digestion of solid poultry manure with municipal sewage sludge [J]. Bioresource Technology, 2013, 142: 345-352.

[79] Serrano A, Siles J A, Gutierrez M C, et al. Improvement of the biomethanization of sewage sludge by thermal pre-treatment and co-digestion with strawberry extrudate [J]. Journal of Cleaner Production, 2015, 90: 25-33.

[80] Wang G J, Li Q, Gao X, et al. Synergetic promotion of syntrophic methane production from anaerobic digestion of complex organic wastes by biochar: Performance and associated mechanisms [J]. Bioresource Technology, 2018, 250: 812-820.

[81] Zhang L G, Duan H R, Ye L, et al. Increasing capacity of an anaerobic sludge digester through FNA pre-treatment of thickened waste activated sludge [J]. Water Research, 2019, 149: 406-413.

[82] Wang D B, He D D, Liu X R, et al. The underlying mechanism of calcium peroxide pretreatment enhancing methane production from anaerobic digestion of waste activated sludge [J]. Water Research, 2019, 164: 114934.

[83] Ryue J, Lin L, Liu Y, et al. Comparative effects of GAC addition on methane productivity and microbial community in mesophilic and thermophilic anaerobic digestion of food waste [J]. Biochemical Engineering Journal, 2019, 146: 79-87.

[84] Yang Y F, Zhang Y B, Li Z Y, et al. Adding granular activated carbon into anaerobic sludge digestion to promote methane production and sludge decomposition [J]. Journal of Cleaner Production, 2017, 149: 1101-1108.

[85] Sun C Y, Liu F, Song Z W, et al. Feasibility of dry anaerobic digestion of beer lees for methane production and biochar enhanced performance at mesophilic and thermophilic temperature [J]. Bioresource Technology, 2019, 276: 65-73.

[86] Yu L, Bian C, Zhu N W, et al. Enhancement of methane production from anaerobic digestion of waste activated sludge with choline supplement [J]. Energy, 2019, 173: 1021-1029.

[87] Lin R C, Cheng J, Zhang J B, et al. Boosting biomethane yield and production rate with graphene: The potential of direct interspecies electron transfer in anaerobic digestion [J]. Bioresource Technology, 2017, 239: 345-352.

[88] Barua S, Zakaria B S, Dhar B R. Enhanced methanogenic co-degradation of propionate and butyrate by anaerobic microbiome enriched on conductive carbon fibers [J]. Bioresource Technology, 2018, 266: 259-266.

[89] 国家发展改革委, 住房和城乡建设部. "十四五" 城镇污水处理及资源化利用发展规划 [R]. 北京, 2021.

[90] 薛重华, 孔祥娟, 王胜, 等. 我国城镇污泥处理处置产业化现状、发展及激励政策需求 [J]. 净水技术, 2018, 37 (12): 33-39.

[91] 何荣祥. 我国水产养殖对环境的影响及应对措施 [J]. 农技服务 2018, 35 (7): 82.

[92] 赵婉雨, 王向伟. 国外餐厨垃圾处理政策探析 [J]. 黑龙江科学, 2019, 10 (16): 160-161.

[93] 黄文通. 餐厨垃圾国家政策及地方法规研究和思考 [J]. 环境与发展, 2019 (8): 201.

[94] 王铁军. 农村畜禽养殖污染及治理策略 [J]. 畜禽业, 2021, 12: 82-83.

[95] 马凤才, 张仕颖, 刘畅. 大庆市畜禽粪便资源化利用分析 [J]. 大庆社会科学, 2018, 206 (1): 59-61.

第 2 章

γ 射线辐射处理
剩余活性污泥

▲ 试验材料与方法

▲ 辐射污泥的物理性质变化

▲ 辐射污泥的化学性质变化

▲ 辐射污泥的脱水性能变化及机制

▲ 应用实例

城镇污水的生物处理过程会产生大量的剩余活性污泥，这些污泥在处理处置过程中面临许多技术问题，如脱水困难、厌氧消化停留时间较长、消化池体积庞大和甲烷产量较低等，而且污泥处理的费用通常占污水处理厂总运行费用的50%以上。污泥减容减量不仅利于后续的处理处置，而且可以大幅削减处理厂的运行费用，因此如何改善污泥的理化特性和脱水性能是近年来的研究重点。研究表明，污泥经一定预处理技术破解后，污泥絮体及细胞结构被破坏，细胞内含物从固相流出进入液相，部分难降解的固体物质转变为易降解的溶解性物质，从而可以有效地改善沉降-浓缩性能、脱水性能，提高厌氧消化速率，增加甲烷产量，并且可以减少污泥的最终体积，提高污泥的处理处置效率。

当前，污泥破解技术包括各种物理、化学、生物处理方法及组合工艺，如湿式氧化法、热水解法、超声波法、高压均质法、臭氧氧化法、酸/碱解法等均有相关的研究报道。近年来，一些学者对于电离辐射技术处理污泥进行了研究，认为电离辐射技术作为污泥的预处理方式之一，具有快速、便捷、无二次污染、处理效果好等优点，能够改善污泥的沉降浓缩性能、脱水性能，并且可以提高后续厌氧消化的效率，增加产甲烷量。以往利用电离辐射技术对剩余污泥进行预处理的目的主要集中在以下4点：

① 杀灭污泥中相当数量的病原菌，从而将剩余污泥作为植物肥料或土壤调节剂使用；

② 考察辐射后剩余污泥的脱水性能，为污泥的后续处理提供有利条件；

③ 将预处理后的剩余污泥进行厌氧消化，进一步实现污泥稳定和减量；

④ 将被释放出来的污泥细胞内含物作为生物反硝化的补充碳源以提高生物脱氮效果。

各种因素如吸收剂量、剂量率、自由基清除剂和曝气等会对电离辐射法处理污泥产生影响，许多研究者开展了相关研究[1]，然而对辐射剂量影响剩余污泥理化特性及脱水性能的系统而全面的研究报道较少。因此，本章研究主要集中在不同辐射剂量水平对污泥理化特性及脱水性能的影响，以优化辐射条件，从而改善污泥脱水性能、提高破解效率，并对辐射改变污泥理化特性及脱水性能的机理进行初步分析。

2.1
试验材料与方法

2.1.1　试验污泥性质

本章所用剩余活性污泥取自武汉市某污水处理厂，该厂采用厌氧/好氧

（anaerobic/oxic，A$_P$/O）生物强化除磷工艺，处理污水量为 30×10^{4}m^3/d，服务人口近 100 万。剩余活性污泥取样点设在二沉池的污泥回流泵房，采用敞口塑料桶装取原始剩余污泥样品，撇除部分上清液后随即转移至实验室，过孔径为 1.5mm 的实验筛以除去砂粒等大颗粒杂物后进行 γ 射线辐射。辐射处理后的剩余污泥在 7～10d 内完成各项理化指标分析，以避免污泥样品的细胞与絮体结构在长时间的放置过程中再次发生理化性质改变。采得的初始剩余活性污泥样品（取样 3d 后检测）的基本理化性质见表 2-1。

表 2-1　剩余活性污泥基本理化性质

指标	结果
pH 值	7.45
含水率/%	98.84
总固体（TS）/（mg/L）	11600
挥发性固体（VS）/（mg/L）	5820
总悬浮固体（TSS）/（mg/L）	10410
挥发性悬浮固体（VSS）/（mg/L）	5190
溶解性 COD（SCOD）/（mg/L）	214.24
总 COD（TCOD）/（mg/L）	8899.20

为了比较 γ 射线辐射对于不同浓度污泥的预处理效果，将含水率为 98.84% 的初始剩余活性污泥经自然沉降并除去占 2/3 体积的上清液（含一定量的污泥絮体），即得含水率约为 97.20% 的污泥，以此模拟经过浓缩处理后的浓缩剩余污泥。

2.1.2　污泥辐射方法

本试验由湖北省农科院辐射检测中心提供动态 ^{60}Co 源 γ 射线，辐射源强度为 3.8×10^{5}Ci（1.4×10^{16}Bq），辐射室温度约为 25℃。本试验选取的吸收剂量范围在 0～15kGy 之间，采用 7 个剂量梯度进行污泥辐射，以研究辐射剂量对污泥预处理效果的影响，寻找最佳辐射条件以提高污泥破解率并改善脱水性能。辐射剂量率为 0.28Gy/s，吸收剂量的大小通过辐射时间进行控制，并采用重铬酸银剂量计跟踪测定，吸收剂量与辐射时间的关系见表 2-2。

表 2-2　吸收剂量与辐射时间的关系

吸收剂量/kGy	0	1	2	4	6	10	15
时间/h	0	2.5	5.0	10	15	25	37.5

将 1L 剩余污泥置于容量为 1L 的白色聚乙烯瓶中密封，将该瓶置于辐射场中预

先标定好剂量的位置进行辐射。达到设定时间后，将剩余污泥样品取出，一部分进行静态沉降试验，分析污泥沉降比（sludge volume，SV）、初沉速度 u_0 和上清液浊度；一部分分析污泥含水率、总固体（total solids，TS）、挥发性固体（volatile solids，VS）、总悬浮固体（total suspended solids，TSS）、挥发性悬浮固体（volatile suspended solids，VSS）、污泥粒径及比表面积；另一部分污泥样品在 4500r/min、25℃ 条件下离心 30min，离心后的上清液再经过 0.45μm 滤膜过滤，滤液保存用于进行可溶性组分（SCOD 和 EPS）分析。

每个辐射剂量下的待测指标均重复测定 2 次以上，结果以平均值表示，利用 Origin 8.0 软件制图，利用 SPSS 18.0 软件进行 Pearson 相关性分析。

2.1.3 主要指标测定方法

2.1.3.1 物理性质测定

通过污泥静沉试验可以测定辐射预处理前后污泥的沉降-浓缩性能变化。将 25mL 辐射前后的剩余活性污泥样品混匀分别置于 25mL 比色管中，观察活性污泥的沉降过程，并在 0h、0.5h、1h、2h、3h、4h、5h、6h、7h、8h、9h、10h、11h、12h 和 24h 分别记录泥水分界面高度。剩余污泥沉降性能由：污泥沉降比（SV）、初沉速度 u_0 和上清液浊度 3 个指标进行评价。污泥沉降比是污泥静沉试验中最重要的指标之一，用以控制、调节实际运行中剩余污泥的排放量。在一般情况下，SV 值的测定时间为 30min，定义为 SV_{30}；但是当剩余污泥浓度较高、沉降历程较长时，可以将 SV 的测定时间适当延长，如 Iritani 及 Li 等[2,3]进行污泥沉降试验时，分别将 SV 的测定时间延长至 300min 和 720min。根据本试验的实际情况，将 720min 时所沉淀污泥体积占原混合污泥体积的比例定义为污泥沉降比 SV_{720}。绘出 25mL 比色管中泥水界面高度随沉淀时间的变化曲线即为污泥静沉曲线，根据静沉曲线计算污泥初沉速度 u_0。在过去的研究中表明，静沉试验中的壁面效应将影响污泥沉降过程，但在同等试验条件下比较 SV 和 u_0 时，壁面效应可以忽略。静沉试验结束后，利用浊度仪（TDT-5，恒岭，武汉，中国）测定污泥上清液的浊度。

污泥粒径大小及分布采用激光衍射粒度分析仪测定（LS 13 320，Beckman Coulter，布雷亚，美国），该仪器可分析的粒径范围为 0.04～2000μm，可自动测定平均粒径、累计百分数及颗粒比表面积。

2.1.3.2 化学性质测定

污泥经过离心处理再通过 0.45μm 滤膜过滤后的上清液所测 COD 即为溶解性 COD（SCOD），SCOD 反映了 COD 由颗粒态转化为溶解态的程度。TCOD 采用碱解法进行测定，即在污泥样品加入 0.5mol/L NaOH 试剂，搅匀后于室温条件下静置 24h，然后取污泥混合液根据标准方法测定 TCOD 含量。污泥的破解程度 DD_{SCOD} 被定义为辐射前后上清液 COD 的变化量除以 TCOD，其表达式见式（2-1）：

$$DD_{SCOD} = \frac{SCOD - SCOD_0}{TCOD} \times 100\%$$ (2-1)

式中 DD_{SCOD}——污泥破解程度，%；
      SCOD——溶解性 COD，mg/L；
      $SCOD_0$——初始溶解性 COD，mg/L；
      TCOD——总 COD，mg/L。

取离心并经过 0.45μm 滤膜过滤后的污泥上清液分析溶解性 EPS，测定 EPS 总量及其中蛋白质和多聚糖的含量。将上述滤液在 105℃下烘干，采用重量法测定 EPS 总量，蛋白质和多聚糖含量分别采用考马斯亮蓝 G-250 法和蒽酮比色法测定，分别以牛血清白蛋白及无水葡萄糖作为标准样品。

另取一部分保存滤液，利用紫外-可见光分光光度计（BlueStar A，莱伯泰科，北京，中国）进行连续光谱分析，以检测其中有机物含量的变化。检测波长为 190～400nm，采用 10mm、3.5mL 的石英比色皿，以去离子水作为参比溶液，样品本底吸收由参比溶液扣除。取一部分保存滤液，置于红外线干燥器下低温（45～55℃）烘干（WS 70-1，吴淞，上海，中国），利用溴化钾试剂稀释后进行压片，采用傅里叶变换红外光谱仪（NICOLET IS10，赛默飞，沃尔瑟姆，美国）分析 EPS 的基团变化。

2.1.3.3　脱水性能测定

阳离子 PAM 粉末（CPAM）由巩义市新奇化工厂提供，其阳离子度为 50%，分子量为 1200 万，配制浓度为 1000mg/L，当天现配备用。

利用辐射处理剩余活性污泥和浓缩剩余污泥，以探明改善污泥脱水性能的最优剂量。第一组试验为单独辐射处理；第二组试验为辐射后添加 CPAM，即将预先配置好的 CPAM 溶液，按污泥总固体含量的 1.0kg/t TS 和 2.0kg/t TS 2 个剂量梯度分别加入辐射后的剩余活性污泥和浓缩污泥中，在混凝搅拌机上 100r/min、25℃条件下搅拌 120s，以考察辐射和 CPAM 联合使用的脱水效果。

利用真空吸滤法（vacuum filtration method，VFM）测定剩余污泥的脱水性能，将双层中速定量滤纸置于直径为 7cm 的布氏漏斗中，用少许蒸馏水润湿后，启动真空泵，调节真空度至 0.03MPa 保持恒定，使滤纸紧贴布氏漏斗，然后关闭真空泵。将 100mL 污泥样品倒入布氏漏斗中，对剩余活性污泥和浓缩污泥分别抽滤 10min 和 30min 直到没有水分滤出，记录一系列抽滤时间 t（0s、5s、10s、20s、30s、60s、120s、240s、300s、600s、900s、1800s）和相应的滤液体积 V，利用 t/V 对 V 作曲线，该曲线的斜率为 b，计算污泥比阻（specific resistance to filtration，SRF），计算公式见式（2-2），并测定留在滤纸上的泥饼含水率。采用过滤时间（time to filter 50mL，TTF_{50}，即收集滤液的体积占污泥总体积的一半时所需的时间）和污泥比阻（SRF）评价脱水速率，采用泥饼含水率评价脱水程度见式（2-3），利用污泥破解程度、溶解性 EPS 含量和污泥粒径大小及分布分析污泥脱水性能变化的原因。

污泥比阻计算公式：

$$SRF = \frac{2pA^2b}{\omega\mu}$$ (2-2)

式中 p——过滤压强，MPa；

A——过滤面积，m^2；

μ——滤液的动力黏度系数，Pa·s；

ω——滤过单位体积滤液在过滤介质上截留的干固体质量，kg/m^3；

b——曲线斜率。

泥饼含水率计算公式：

$$\omega(H_2O) = \frac{m_1 - m_2}{m_1} \times 100\%$$ (2-3)

式中 m_1——滤后湿泥饼质量，g；

m_2——滤后泥饼在 105℃ 条件下烘干至恒重的质量，g；

$\omega(H_2O)$——泥饼含水率，%。

2.2
辐射污泥的物理性质变化

2.2.1 污泥沉降性能变化

在静沉试验中，经不同剂量辐射的泥样均出现了清晰的泥水分界面，表观图如图 2-1 所示（彩图见书后），静沉 8h 后可以观察到泥水分界面高度有明显差别。由

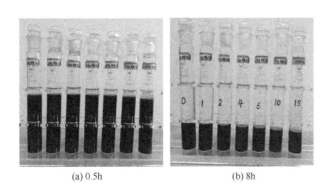

(a) 0.5h   (b) 8h

图 2-1 不同辐射剂量下剩余污泥的静沉表观图像

静沉试验绘制的静沉曲线如图 2-2 所示（彩图见书后），由该图可以将静沉过程大致分为 2 个阶段：第一阶段称为初沉期，在这个阶段经不同剂量辐射后污泥的泥水分界面以各自恒定的速度下降，沉降曲线呈显著线性特征，对此阶段的沉降曲线进行线性回归得到的直线斜率定义为初沉速度 u_0；第二阶段为压缩期，在这个阶段泥水分界面的下降速度逐渐减小，由图 2-2 可以看出，5h 是本次静沉试验中初沉期和压缩期的分界点。

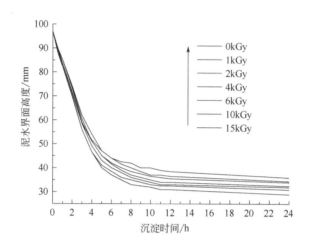

图 2-2　γ射线辐射时剩余污泥的静沉曲线图

剩余污泥在不同辐射剂量下的 u_0 和 SV_{720} 见图 2-3。未辐射污泥的 u_0 和 SV_{720} 分别为 10.36mm/h 和 37.1%。辐射后污泥的 u_0 随剂量的增加而逐渐增加，当辐射剂量达到 15kGy 时，初沉速度提高到 11.55mm/h。SV_{720} 随辐射剂量的增加逐渐降低，当辐射剂量达到 15kGy 时，SV_{720} 降至 29.9%，减小幅度为 19.41%。表 2-3 是辐射剂量与污泥理化性质的相关性分析结果，由表可知，u_0 与辐射剂量在 P=0.01 水平具

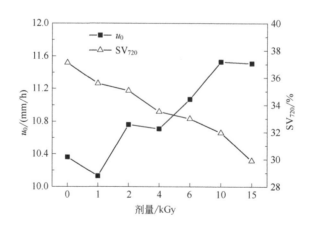

图 2-3　γ射线辐射对剩余污泥初沉速度和沉降比的影响

有显著正相关，而 SV_{720} 与辐射剂量在 $P=0.01$ 水平具有显著负相关。污泥中部分固相物质由于辐射溶解而进入液相是 SV 减小的主要原因之一，这也表明辐射有助于实现剩余污泥减量。

沉降试验结束后，污泥上清液浊度的变化如图 2-4 所示。与未辐射污泥相比，低剂量辐射条件下（<2kGy），污泥上清液浊度相比辐射前略有下降，由初始的 21.29NTU 下降到 2kGy 时的 19.90NTU，而当辐射剂量达到 4kGy 后，上清液浊度急剧增加，到 15kGy 时浊度增加到 63.56NTU，该现象也可直接由图 2-1（b）观察到。采用 4kGy 以上剂量辐射后，浊度骤增的原因可能是辐射引起剩余污泥显著破解，大量的细小颗粒从破解的污泥固相进入液相，这些细小颗粒的密度与水接近，并且表面带有大量负电荷，从而导致这些小颗粒在液相中长期保持稳定状态，沉降非常缓慢。相比之下，低于 4kGy 的辐射不至于引起污泥絮体和细胞结构的明显破坏，释放到液相中的小颗粒较少；而少量 EPS 由于辐射进入液相，可以作为生物吸附剂吸附污泥液相中原本存在的小颗粒，从而出现上清液浊度降低的现象。Feng 等[4]用超声波处理剩余污泥后进行沉降试验也得出了类似浊度先轻微降低后显著增加的结果。由此推测，4kGy 的辐射剂量是使剩余活性污泥发生明显破解的临界值。

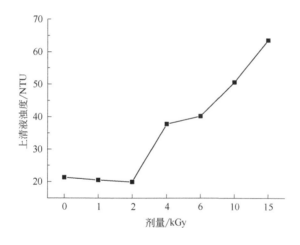

图 2-4　γ射线辐射对污泥上清液浊度的影响

表 2-3　辐射剂量与污泥理化性质的相关性分析

指标	Pearson 相关系数
上清液浊度	0.975[2]
初沉速度 u_0	0.912[2]
SV_{720}	−0.969[2]
溶解性 EPS	0.985[2]
溶解性蛋白质	0.870[1]

指标	Pearson 相关系数
溶解性多糖	0.791[①]
dp_{90}	−0.935[②]
SCOD	0.968[②]
TSS	−0.951[②]
VSS	−0.901[②]
TS	−0.501
VS	−0.311
比表面积	0.945[②]

① $P<0.05$;
② $P<0.01$。

2.2.2 污泥粒径变化

污泥的粒径大小及分布可以影响污泥的诸多性质，如脱水性能及厌氧消化速率。一定范围内的污泥粒径可以促进污泥脱水，而减小污泥颗粒粒径可有效提高胞外酶与底物的接触概率，加速厌氧消化过程中的水解效率。本研究中污泥粒径大小及分布的变化情况由削减直径（dp_{10}、dp_{25}、dp_{50}、dp_{75} 和 dp_{90}）、平均粒径和比表面积表示（图 2-5 和图 2-6）。削减直径 dp_f 表示污泥颗粒的累计体积达到一定比例 $f\%$ 时污泥颗粒的上限粒径，dp_f 越小表示小颗粒的比例越高。例如 dp_{90} 表示占污泥体积 90% 的粒径小于等于 dp_{90}。

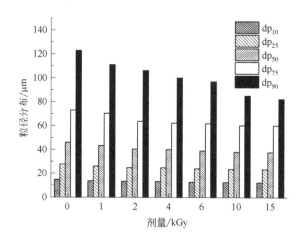

图 2-5 辐射剂量对污泥粒径分布的影响

由图 2-5 可以看出，污泥颗粒粒径随着辐射剂量的增加逐渐减小。原污泥的 $dp_{90}\leqslant122.9\mu m$，平均粒径为 $58.32\mu m$，比表面积为 $2575cm^2/mL$，经过 15kGy 辐射后，dp_{90} 降至 $82.15\mu m$，降幅为 33.16%；平均粒径降至 $45.75\mu m$，降幅为 21.55%，

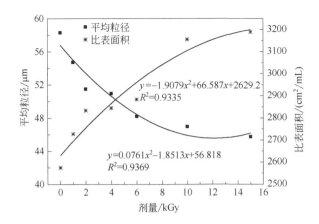

图 2-6　辐射剂量对污泥平均粒径和比表面积的影响

而比表面积随着粒径减小增大到 $3189cm^2/mL$，增幅达到 23.84%。污泥其他颗粒大小的分布 dp_{10}、dp_{25}、dp_{50} 和 dp_{75} 的变化趋势同 dp_{90}，也随辐射剂量的增加而减小。然而这些颗粒大小分布的减小程度不同，对于 15kGy 的辐射剂量，污泥的 dp_{10}、dp_{25}、dp_{50} 和 dp_{75} 分别下降了 17.63%、15.58%、17.59% 和 17.70%。另外，污泥颗粒平均粒径和比表面积的变化与 γ 射线辐射剂量之间有极显著的相关性（$R^2_{平均粒径}$= 0.9369，$P<0.01$ 和 $R^2_{比表面积}$=0.9335，$P<0.01$）。由粒径的变化可以看出电离辐射对污泥絮体及颗粒的破解作用，并且这种破解效果随剂量的增大逐渐明显；粒径减小随之产生的比表面积增大，可以有效提高胞外酶与底物的接触概率，从而缩短后续污泥厌氧消化工艺中的水解过程。

2.2.3　污泥固相组分含量变化

剩余污泥中的总固体（TS）由溶解性固体（DS）及总悬浮固体（TSS）组成，其中 TSS 通常占 TS 的 90% 以上，它包括挥发性悬浮固体（VSS，又叫有机悬浮固体）和无机悬浮固体（FSS）。

由图 2-7 可知，剩余污泥在辐射前后，TS 和 VS 基本保持不变，分别维持在 11050mg/L 和 5700mg/L 左右，表明该剂量范围内的辐射处理几乎没有对污泥产生矿化作用和蒸发效应，由表 2-3 也可以看出，TS 和 VS 与辐射剂量没有显著相关性。TSS 和 VSS 可以作为污泥溶解和减量的指标。由图 2-8 可以看出，污泥的 TSS 和 VSS 随辐射剂量的增加逐渐减小，分别由辐射前的 10410mg/L 和 5190mg/L 降低至 15kGy 的 8750mg/L 和 3920mg/L。γ-射线可以破解污泥絮体和细胞结构，从而将包括有机物在内的污泥组分从固相中溶解释放进入液相，实现污泥减量。虽然 TSS 和 VSS 同时在减小，但是，如表 2-4 所列，在 10kGy 以下辐射时 VSS/TSS 的值没有明显减小，表明 VSS 的结构没有发生明显变化，即辐射没有引发显著的矿化效应，更大剂量的辐射效果及辐射机理还有待进一步研究。

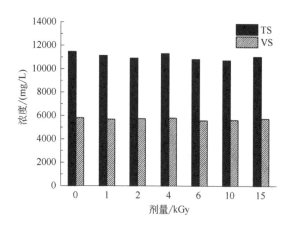

图 2-7　辐射对污泥 TS 和 VS 的影响

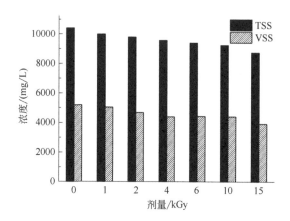

图 2-8　辐射对污泥 TSS 和 VSS 的影响

表 2-4　VSS/TSS 的变化

剂量/kGy	0	1	2	4	6	10	15
VSS / TSS	0.5	0.5	0.48	0.47	0.47	0.48	0.45

2.3
辐射污泥的化学性质变化

2.3.1　污泥 SCOD 含量变化

污泥的 SCOD 是指其中可溶性有机物的含量，主要由污水中残留的有机物、污泥生物絮体的胞外酶以及细胞破解死亡后胞内释放的有机物等组成，而 SCOD/TCOD 可以用来评价辐射后污泥絮体中溶解性有机物的释放程度。以往的研究表明，辐射对于污泥的 TCOD 没有明显影响，但可以改变 SCOD 的含量，因此本研究着重分析了污泥 SCOD 的变化。由图 2-9 可以看出，SCOD 随着辐射剂量的增加而显著增大，当辐射剂量达到 15kGy 时，SCOD 由辐射前的 214.24mg/L 增加到 1104.16mg/L，增幅达到 415.38%；相应的 SCOD/TCOD 也由辐射前的 2.41%增加到 15kGy 时的12.41%。在辐射过程中，SCOD 的增加主要来源于污泥破解过程中的 EPS 及胞内物质的释放，因而增加的 SCOD 大部分是生物可降解物质。将辐射破解后的剩余污泥或者其上清液回流至生物反应池可以充当生物反硝化脱氮的碳源，有效减少污水厂外加碳源的费用；或者将辐射破解后的剩余污泥注入厌氧消化池，可以明显缩短水解阶段的耗时，缩短消化稳定所需的时间，并且有助于增加消化产气量，在这些方面已经有国内外学者进行过相关研究。然而根据图 2-9 所示 SCOD 的增量趋势，即使是 15kGy 的辐射剂量也没有实现剩余污泥的完全破解。据 Kim 等[5]的研究结果显示，在 0～50kGy 的辐射剂量条件下，SCOD 随剂量增大而不断增大，但增长率在20kGy 后开始下降，鉴于没有更高的辐射剂量报道，因而目前还没有发现可以完全破解污泥的剂量值。

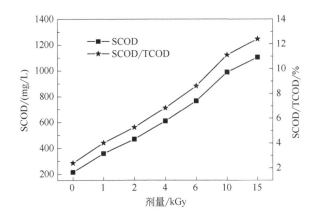

图 2-9　辐射对污泥 COD 的影响

2.3.2　污泥胞外聚合物含量变化

　　胞外聚合物（EPS）是活性污泥中细菌和其他微生物新陈代谢的产物，EPS 填充并且形成了细菌之间的空间，形成了稳定的絮凝体结构。EPS 是生物絮体的主要组成成分，占活性污泥总有机物的 50%～90%，可以影响污泥的许多理化性质，如絮凝性能、沉降-脱水性能和重金属吸附性能等，通常由蛋白质、多糖、核酸和脂类等有机质组成，其中蛋白质和多糖的占比最高。污泥破解后，溶解性蛋白质、多糖和核酸等物质的含量会显著增加，可以用此指标反映污泥絮体和细胞裂解的程度。

由图 2-10 可以看出，辐射后溶解性 EPS 总量及蛋白质和多聚糖的含量均随辐射剂量的增加而增大，通过非线性回归分析可知辐射剂量和这三类物质含量之间具有密切的相关性（R^2_{EPS}=0.9875，$P<0.01$；$R^2_{蛋白质}$=0.9427，$P<0.01$；$R^2_{多糖}$=0.8222，$P<0.05$），分别由辐射前的 515mg/L、58.552mg/L 和 5.79mg/L 增加到 15kGy 时的 1170mg/L、157.64mg/L 和 33.98mg/L，增幅分别为 127.18%、169.23% 和 486.87%，其中蛋白质含量占优势可能是污泥絮体中存在大量的胞外酶所致。另外，蛋白质和多糖的拟合曲线的斜率分别为 16.918 和 4.082，由此可以看出，蛋白质由固相释放进入液相的速率高于多糖。电离辐射使污泥发生破解后，这些物质会被释放到污泥液相中，从而导致溶解性 EPS 总量和蛋白质及多聚糖含量持续增加。然而在本试验中，即使采用最大的辐射剂量，EPS 仍然保持增长的趋势，这也进一步说明 15 kGy 的剂量水平不能完全破解污泥。

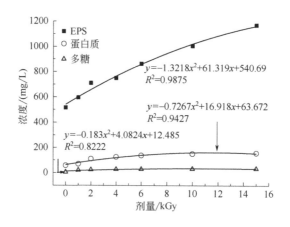

图 2-10　辐射剂量对溶解性 EPS 含量的影响

核酸是污泥细胞结构内特有的物质，未经处理的污泥其 EPS 中的核酸含量很少，只有当污泥中的细胞结构破解后，大量的核酸才能从细胞内溶解释放到污泥液相中，因此，核酸含量的变化可以指示污泥细胞壁开始破裂的时间，而污泥中大部分蛋白质存在于细胞内部，被认为是最难提取的化合物之一，其含量也可以指示污泥细胞的破解情况。在紫外光谱图中，核酸和蛋白质的吸收峰分别位于 260nm 和 280nm，因此辐射前后污泥上清液的 UV 光谱图可以指示溶解性 EPS 的含量变化及污泥细胞的破解情况。如图 2-11 所示，剩余污泥在经过不同剂量辐射后，在 240～300nm 均出现了新的吸收带，这个吸收带可能是由核酸和蛋白质从污泥固相转移到液相所致。其中辐射剂量达到 4kGy 以后，在 260nm 处的吸收峰值显著增加，指示着细胞壁明显破裂和核酸显著释放，这与 2.2.1 部分中关于辐射后污泥上清液浊度分析的结果一致。

典型有机固体废物高效处理处置与资源化

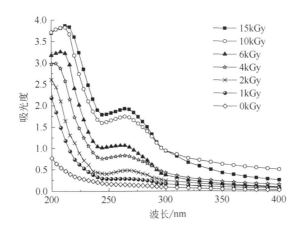

图 2-11　不同辐射剂量下溶解性 EPS 的 UV 光谱

辐射前后溶解性 EPS 的红外光谱图（FTIR）如图 2-12 所示。在 FTIR 中，特征明显的强频段指示着蛋白质基团（1593cm^{-1} 和 1634cm^{-1}）和多聚糖基团的存在（1054cm^{-1} 和 3373cm^{-1}）。对于未辐射污泥，位于 1634cm^{-1} 处的是酰胺 I 基团（蛋白质肽键），而辐射后在 1593cm^{-1} 处出现了新吸收峰，此处的 N—H 弯曲振动是酰胺 II 基团，属于另一种蛋白质肽键。新蛋白质肽键吸收峰的出现表明辐射后溶解性 EPS 中的蛋白质种类与辐射前存在差异，有更多新种类的蛋白质组分由不溶态变为可溶态，指示辐射可以促进大分子有机物的降解，这将有利于后续厌氧消化过程的进行。辐射后出现的另一处新吸收峰在 2926cm^{-1} 处，此处的吸收峰是 H—C—H 反对称伸缩振动，表明辐射导致污泥破解并将脂类物质释放进入液相。另外，在 1634cm^{-1} 和 1054cm^{-1} 处的峰强随辐射剂量的增大而增大，表明大量蛋白质和多聚糖在辐射作用下由不溶态转变为溶解态，与图 2-10 的分析结果一致。

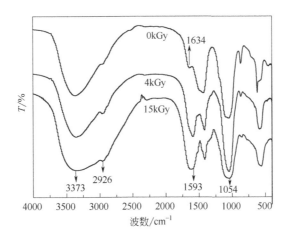

图 2-12　不同辐射剂量下溶解性 EPS 的 FTIR 光谱

2.4
辐射污泥的脱水性能变化及机制

2.4.1 污泥脱水性能变化

剩余污泥经过辐射预处理后，其过滤时间（TTF_{50}）和比阻（SRF）的变化如表 2-5 所列。TTF_{50} 由辐射前的 142s 急剧减小到 1kGy 时的最低值 100s，之后在低于 10kGy 以下进行辐射时，TTF_{50} 逐渐增加，但均低于初始值；而当辐射剂量达到 15kGy 时，TTF_{50} 值超过了未辐射污泥，脱水速率呈现出恶化趋势。SRF 从 0kGy 时的 $3.62×10^{11}$m/kg 降到 2kGy 时的 $2.56×10^{11}$m/kg，降幅达到 30%，之后 SRF 值随辐射剂量的增加而略有增加，但均低于初始值。与高剂量辐射相比，采用 1～2kGy 的低剂量辐射对污泥脱水效果的改善最为明显。这种现象可能是由于储存有大量结合水的污泥絮体在接受低剂量辐射时（<4kGy）发生了轻微破解，结合水得到释放转变为自由水，脱水速率得到提高；而高剂量辐射会进一步破解污泥絮体，释放大量胞内聚合物和小颗粒，这些物质通常具有巨大的比表面积和很强的亲水能力，可以吸附大量水分，使释放出的自由水再次被束缚变为结合水，导致脱水速率下降。

表 2-5 辐射后剩余活性污泥的 TTF_{50} 和 SRF

辐射剂量/kGy	TTF_{50}/s	SRF/（10^{11}m/kg）
0	142	3.62
1	100	2.58
2	105	2.56
4	109	3.09
6	112	3.14
10	110	3.14
15	144	3.15

辐射前后污泥的含水率变化情况如图 2-13 所示。污泥总含水率基本维持在 98.80%左右，表明辐射没有改变污泥的总含水率，也没有引发明显的热效应。这与 2.2.3 部分中对 TS 和 VS 的分析结果一致。当辐射剂量为 1～4kGy 时，指示脱水程度的泥饼含水率随剂量的增加不断减小，可由辐射前的 88.77%降低到 4kGy 时的 82.00%，之后泥饼含水率的变化很小，因此从脱水程度的角度进行分析可以看出，2～4kGy 的剂量范围适于改善剩余污泥脱水性能。

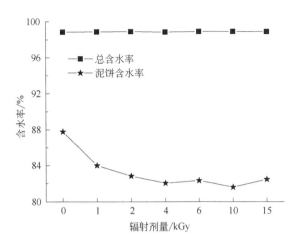

图 2-13　辐射对剩余污泥含水率的影响

　　由以上结果和分析可知，辐射剂量是影响污泥脱水性能的关键因素；从能耗角度看，一种好的电离辐射工艺首先应当建立在低辐射剂量基础上，因此综合试验结果和能耗因素，把剩余污泥辐射脱水的最佳辐射剂量定为 1～4kGy。

　　浓缩后剩余污泥经电离辐射处理前后的脱水性能变化如表 2-6 所列，未经辐射的浓缩污泥的脱水速率较浓缩前有明显下降，而泥饼含水率由于脱水时间从之前的 10min 延长至 30min 而低于浓缩前的剩余污泥。低剂量辐射（≤4kGy）可以取得较好的脱水效果，TTF_{50} 和 SRF 分别由辐射前的 885s 和 10.05×10^{11}m/kg 降低到辐射后的（1kGy）635s 和 7.98×10^{11}m/kg，泥饼含水率由初始的 85.60% 降低到 4kGy 时的 79.60%。4kGy 以后，脱水速率逐渐减慢，泥饼含水率没有明显降低，15kGy 时甚至出现了 TTF_{50} 高于初始值的情况。德国于 1973 年建立并投入使用的污泥辐射厂的运行情况显示，在 50MPa 压力且辐射剂量为 1kGy 时，含水率为 96% 的污泥 SRF 值可以降低 48%，达到 3kGy 时，SRF 可以降低 71%[6]，但是当剂量超过 3kGy 以后脱水速率没有显著提高，与本次试验的结果类似。因此，结合能耗及脱水效果，认为 1～4kGy 也是适于浓缩后剩余污泥脱水减量的最佳辐射剂量范围。

表 2-6　辐射后浓缩剩余污泥的 TTF_{50}、SRF 和泥饼含水率

辐射剂量/kGy	TTF_{50}/s	SRF/（10^{11}m/kg）	泥饼含水率/%
0	885	10.05	85.60
1	635	7.98	81.56
2	695	8.29	81.04
4	690	8.50	79.60
6	705	8.52	78.68
10	780	8.65	78.92
15	1245	8.94	82.79

投加阳离子聚丙烯酰胺（CPAM）是城镇污水处理厂进行污泥浓缩和脱水前的常用调理方法。本研究以 TTF_{50}、SRF 和泥饼含水率为评价指标分析电离辐射与CPAM 联合调理对污泥脱水性能的影响，结合前述试验结果，在最佳辐射剂量范围内选择 1kGy 和 2kGy 及最高剂量点 15kGy 作为考察点，其试验结果见图 2-14～图 2-16。从图 2-14～图 2-16 可知，剩余污泥及浓缩后剩余污泥未经电离辐射而仅加入 1kg/t 干污泥（DS）和 2kg/t 干污泥的 CPAM 进行调理时，WAS（剩余活性污泥）的 TTF_{50} 由初始的 142s 分别降低到 80s 和 24s，而 SRF 和泥饼含水率变化趋势也与 TTF_{50} 相似，即随絮凝剂投加量的增加而明显降低。TWAS（浓缩后剩余活性污泥）的 TTF_{50}、SRF 和泥饼含水率也随 CPAM 投加量的增加而显著降低。

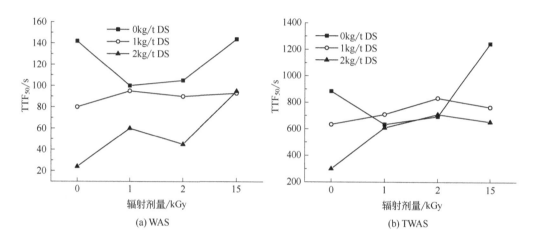

图 2-14　辐射和 CPAM 共调理对污泥 TTF_{50} 的影响

当 WAS 经过辐射处理再投加 CPAM 时，表征脱水速率的 TTF_{50} 和 SRF 仍然随着絮凝剂投加量的增加而下降，但是辐射似乎没有显示出明显的促进效果 [图 2-14 (a) 和图 2-15 (a)]，由此可以看出，CPAM 对改善污泥脱水速率的效果是主要的。而对于 TWAS，除了 15kGy 的高剂量辐射，低剂量辐射和絮凝剂共调理时的 TTF_{50} 和 SRF 比单独采用辐射时的结果明显升高，脱水速率呈恶化趋势 [图 2-14 (b) 和图 2-15 (b)]。综合 WAS 和 TWAS 的 TTF_{50} 和 SRF 结果可以推测，电离辐射似乎削弱了 CPAM 改善脱水速率的效果，辐射与 CPAM 共调理在改善脱水速率方面并没有显示出明显的协同效应。

辐射和 CPAM 共调理后指示污泥脱水程度的泥饼含水率变化如图 2-16 所示，由图可知，共调理对脱水程度的改善作用十分有限：对于低剂量辐射（1～2kGy），WAS 的泥饼含水率略有下降，而 TWAS 的泥饼含水率呈现恶化趋势；只有 15kGy 的高剂量辐射和 CPAM 联用可以明显降低 WAS 和 TWAS 的泥饼含水率，与 15kGy 单独辐射相比，15kGy 和 1kg/t DS CPAM 共调理使 WAS 和 TWAS 的泥饼含水率分别从 82.46% 和 82.79% 降低到 77.16% 和 77.68%，此时共调理呈现出一定的协同效应，然而，将 15kGy 的高剂量用于污泥脱水减量明显存在能量浪费。因此，从总体效果来看，辐射和 CPAM 共调理没有显示出令人满意的协同效应，这些复杂的脱水结果说明电离辐射和 CPAM 或其他絮凝剂共调理的机理还需要进行深入研究。

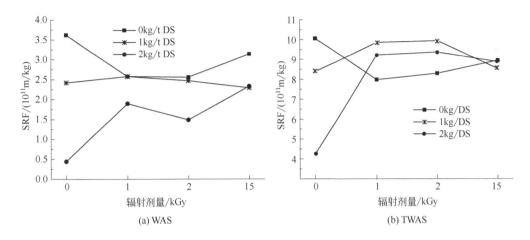

图 2-15　辐射和 CPAM 共调理对污泥比阻的影响

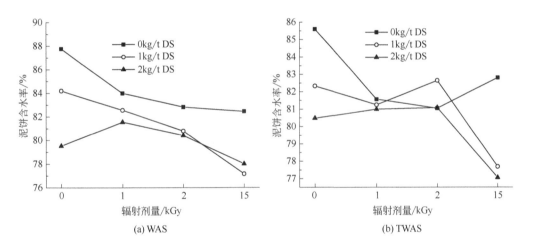

图 2-16　辐射和 CPAM 共调理对污泥泥饼含水率的影响

2.4.2　污泥脱水性能变化与理化特性的关系

污泥破解程度对脱水性能有重要影响，本试验中剩余污泥破解程度与辐射剂量之间的关系如图 2-17 所示（$P<0.01$），由图可以看出，污泥破解程度随辐射剂量的增加而增大，当辐射剂量为 15kGy 时，破解程度达到 10%。辐射后的污泥可以释放大量胞内和胞外聚合物，显著提高 SCOD 含量，并且辐射效果遵循能量守恒定律（1Gy=1J/kg），因此辐射剂量越大，污泥破解程度越高。在本研究选用的剂量范围内，

没有找到能使污泥完全破解的剂量值。此外，γ 射线辐射对剩余污泥的破解效果没有其他技术显著，有研究表明，超声波（6250～9350kJ/kg TSS）、臭氧（0.1～0.16g/gTSS）和热水解（170～190℃）预处理后污泥的破解率分别为 15%、20%～25% 和 40%～45%[6]，而本研究中当辐射剂量达到最高值 15kGy 时，破解率仅为10%，仍达不到令人满意的效果。

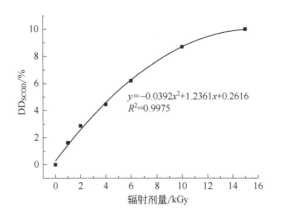

$$y=-0.0392x^2+1.2361x+0.2616$$
$$R^2=0.9975$$

图 2-17　电离辐射对污泥破解率的影响

　　污泥破解率对脱水性能的影响如图 2-18 所示。当破解程度增加到 1.5% 时，剩余活性污泥的 TTF_{50} 和 SRF 急剧减小，而破解程度超过 3% 以后，TTF_{50} 和 SRF 值均逐渐增加。当破解程度不足 1.5% 时，污泥的絮体结构没有发生明显破坏，脱水性能没有显著提高；而污泥破解度过高会导致大量的小颗粒释放到上清液中，恶化脱水性能。因此，适当的破解程度对于改善污泥的脱水性能至关重要，从以上的结果和分析可以看出，污泥破解程度在 1.5%～3% 时可以改善剩余活性污泥的脱水性能。

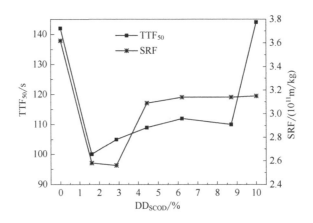

图 2-18　污泥破解率对脱水性能的影响

溶解性 EPS 同样是影响污泥脱水性能的关键因素。溶解性 EPS 总量对污泥脱水性能的影响如图 2-19 所示,当 EPS 含量在 590~750mg/L 时,可以获得最佳的 TTF_{50} 和 SRF 值,这个含量高于污泥未辐射时的 515mg/L。与未辐射污泥相比较,EPS 浓度的轻微增加可以在一定程度上改善污泥的絮凝性能,减小污泥中小颗粒的数量,从而改善脱水性能。然而,一旦污泥絮凝达到了最佳状态,进一步释放 EPS 则对脱水过程不利,因为随着 EPS 释放,污泥絮体和细胞结构被明显破坏,大量小颗粒的出现将恶化脱水性能。另外,辐射和絮凝剂 CPAM 共调理没有产生明显的协同效应,可能是由于大部分 CPAM 与释放的溶解性 EPS 结合,而没有与污泥中的小颗粒产生作用,这就极大地削弱了絮凝剂的调理作用。

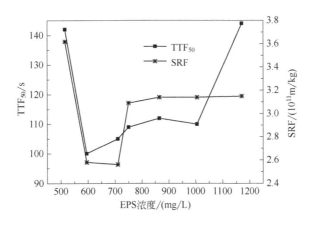

图 2-19 污泥溶解性 EPS 浓度对脱水性能的影响

粒径大小及分布也是影响污泥脱水性能的重要因素之一。本研究中 dp_{90} 与脱水性能的关系见图 2-20。由图可知,随着 dp_{90} 的减小,TTF_{50} 和 SRF 呈现出先减小后

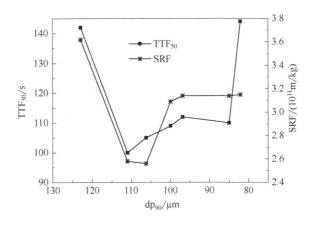

图 2-20 污泥颗粒粒径对脱水性能的影响

逐渐增加的趋势。当 dp₉₀ 为 100～115μm 时，脱水性能最佳，此时对应的辐射剂量为 1～4kGy。随着辐射剂量增加，粒径在 100μm 以下的小颗粒的数量大幅增加。研究认为，粒径范围在 1～100μm 之间的超胶体颗粒的数量是影响活性污泥脱水性能的主要因素，超胶体颗粒所占的比例越高，对脱水越不利[7]。由图 2-5 可以看到，当辐射剂量超过 4kGy 后，几乎所有的污泥颗粒粒径均小于 100μm，正是这些小颗粒的出现对脱水性能产生了不利影响。

由以上分析可知，辐射污泥的脱水性能与粒径大小及分布、溶解性 EPS 含量及污泥破解率密切相关。除此之外，Meeroff 等[8]对剩余活性污泥进行 0～20kGy 剂量范围的电离辐射预处理，试验结果表明，采用 3～4kGy 的中等剂量辐射时，剩余污泥的脱水性能有很大改善，Zeta 电位绝对值降低了近 40%，SRF 减少了 50%，而当剂量超过 15kGy 后，Zeta 电位绝对值反而增大，脱水性能开始恶化，表明电离辐射可以改变污泥的表面电荷性质，从而影响污泥脱水性能。

2.4.3　辐射影响污泥脱水性能机理

在辐射水溶液中，氧化性产物（·OH）和还原性产物（e_{aq}^- 和 H·）的产量基本相同，但由其他学者的研究结论可以推测得出，带有极强氧化性的·OH（标准氧化电位 $E^{\ominus}$=2.8V）对污泥破解和脱水性能的提高起主要作用。凌永生等[9]利用电离辐射联合曝气对剩余活性污泥进行脱水试验的结果表明，曝气后再进行辐射得到的污泥 SRF 值比单独辐射要低；Chu 等[10]采用 γ 射线联合曝气对剩余活性污泥进行试验的结果表明，曝气后再进行辐射时污泥破解率比单独辐射要高，并且溶解性蛋白质、多聚糖及腐殖质等生物大分子物质的含量也比不曝气的条件下高。这些现象均是由于 O₂ 是还原性自由基的有效清除剂，可以将 e_{aq}^- 和 H·转变为氧化性自由基（HO₂·和 O₂⁻·），增加了氧化性自由基的总量，由此推测在污泥破解及提高脱水性能方面发挥主要作用的是氧化性自由基·OH，而 HO₂·和 O₂⁻·的出现则增强了这种氧化作用。

吸收剂量和辐射初级产额 G 值用于估计辐射水溶液中形成的·OH 的理论浓度，如表 2-7 所列，由该表可知，在最佳辐射剂量为 1～4kGy 时，·OH 的理论浓度为 0.28～1.12mmol/L。由脱水试验的结果可知，当·OH 的浓度小于 1.12mmol/L 时，辐射可以轻微破坏污泥絮体结构、溶解部分 EPS 并且释放部分结合水进入液相成为自由水，从而提高脱水性能。然而，当·OH 的浓度大于 1.12mmol/L 时，污泥絮体和细胞结构的进一步破解会导致小颗粒增加，随之而来的是污泥颗粒的比表面积增大，从而吸附大量的水分，使得因污泥破解而释放出来的自由水又变回结合水的状态，最终导致脱水效果变差。

表 2-7　不同吸收剂量下辐射水溶液中·OH 的理论浓度

吸收剂量/kGy	1	2	4	6	10	15
·OH 浓度/（mmol/L）	0.28	0.56	1.12	1.68	2.80	4.20

图 2-21 是辐射法处理剩余活性污泥改善其脱水性能的图解。

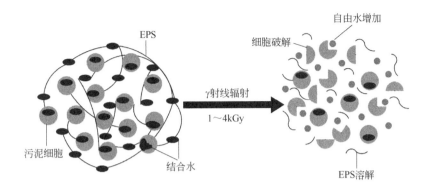

图 2-21　γ射线辐射改善剩余活性污泥脱水性能的图解

2.5
应用实例

世界上第一座污泥辐射厂于 1973 年建于德国慕尼黑附近，它用 ^{60}Co 作辐射源，间歇操作，污泥含固率为 4%，受辐照剂量为 3kGy，处理量为 5700L/批。

1976 年在美国波士顿的 Deer 岛建成一研究性的电子束污泥辐照装置，电子束来自 750kV、50kW 的电子加速器，电子束从上向下辐照，处理量为 380t/d 的液体污泥，剂量为 4kGy。按照 Deer 岛的经验，美国于 1984 年在佛罗里达州迈阿密一大型污水处理厂建成一套污泥辐照装置，电子加速器能量为 1.5MeV，束宽为 1.2m，通过电子束的污泥厚度为 4mm，含固率为 2%，流速为 27t/h。该装置可处理整个污水处理厂 20%～25%的总污泥，并留下再装 3 台加速器的空间以满足全部需要。处理过的污泥经相当长时间的存放后，过筛农用。

1985 年在印度西部城市 Boroda 建立了污泥辐照处理厂作为综合废物处理厂的一部分。该厂用 18.5PBq 水平式管状 Co 源，污泥处理量为 110t/d，污泥含固率为 4%～6%，辐照剂量为 3～35kGy，在上述辐照剂量下，污泥中细菌减少 6～7 个数量级，病毒减少 1 个数量级，辐射处理后的污泥已用作土壤调节剂、肥料补充及动物饲料。

日本原子能研究所高崎辐射化学研究机构进行了电子束辐照处理污泥及堆肥化研究。第一步辐照电子束能量为 1.5MeV，功率为 15kW，处理量为 25t/d、50t/d、100t/d、200t/d，辐照剂量为 5kGy，污泥含水率为 50%，以厚度 5mm 的污泥饼形式通过平板喷嘴散在不锈钢运输带上，受到上方电子束辐照；第二步堆肥化时间为 3d（常规堆肥为 10～12d），温度 50℃。研究证明辐照堆肥化比常规堆肥化可大大节省发酵器容积。如处理容量为 50t/d，辐照堆肥化只需 2 个直径 12m、高 1.5m 的发酵器，而常规堆肥化需要 4 个直径 16m 的发酵器。当处理容量为 200t/d 时，辐照堆肥化厂的建筑面积为常规堆肥化的 1/2。对于处理容量大于 50t/d 的厂，辐照堆肥化的成本略低于常规堆肥化，预计处理容量越大，成本越低[11]。

参考文献

[1] 吴明红，包伯荣. 辐射技术在环境保护中的应用 [M]. 北京：化学工业出版社，2002.

[2] Iritani E, Nishikawa M, Katagiri N, et al. Synergy effect of ultrasonication and salt addition on settling behaviors of activated sludge [J]. Separation and Purification Technology, 2015, 144 (15): 177-185.

[3] Li H, Jin Y Y, Rasool B M, et al. Effects of ultrasonic disintegration on sludge microbial activity and dewaterability [J]. Journal of Hazardous Materials, 2009, 161 (2-3): 1421-1426.

[4] Feng X, Lei H Y, Deng J C, et al. Physical and chemical characteristics of waste activated sludge treated ultrasonically [J]. Chemical Engineering Journal and Processing: Process Intensification, 2009, 48 (1): 187-194.

[5] Kim T H, Nam Y K, Park C, et al. Carbon source recovery from waste activated sludge by alkaline hydrolysis and gamma-ray irradiation for biological denitrifiction [J]. Bioresource Technology, 2009, 100 (23): 5694-5699.

[6] Chu L B, Wang J L, Wang B. Effect of gamma irradiation on activities and physicochemical characteristics of sewage sludge [J]. Biochemical Engineering Journal, 2011, 54 (1): 34-39.

[7] 田禹，方琳，黄君礼. 微波辐射预处理对污泥结构及脱水性能的影响 [J]. 中国环境科学，2006，26 (4): 459-463.

[8] Meeroff D E, Waite T D, Kazumi J, et al. Radiation-assisted process enhancement in wastewater treatment [J]. Journal of Environmental Engineering, 2004, 130 (2): 155-166.

[9] 凌永生，张皓嘉，贾文宝，等. γ 辐射联合曝气处理改善污泥脱水性能的研究 [J]. 工业水处理，2015，35 (6): 46-49.

[10] Chu L B, Wang J L, Wang B. Effects of aeration on gamma irradiation of sewage sludge [J]. Radiation Physics and Chemistry, 2010, 79 (8): 912-914.

[11] 包伯荣，吴明红，罗文芸，等. 辐射技术在废水及污泥处理中的应用 [J]. 核技术，1996，19 (12): 759-764.

第3章

γ 射线辐射处理
厌氧消化污泥

城镇污水处理厂的剩余污泥中有机物含量高达 60%～70%，极易腐败并产生恶臭。因此，为了便于污泥的储存和资源化利用，避免恶臭产生，需要对污泥进行稳定化处理，以减少有机组分含量或抑制细菌代谢。厌氧消化是大型污水处理厂普遍采用的污泥稳定化工艺，它可以使污泥中有机组分转化为稳定的最终产物并回收能源（CH_4），并且减少病原菌，实现污泥的稳定化。目前大多数的污水处理厂普遍采用中温厌氧消化工艺，温度控制在 33～35℃之间，能耗较低，而且产生的沼气可以作为一种生物能源加以利用，但消化过程有可能对污泥的脱水性能产生不利影响。通过对厌氧消化污泥（ADS）的大量研究发现，污泥的颗粒粒径分布及溶解性 EPS 含量是影响污泥脱水性能的两个关键因素。Song 等[1,2]认为，厌氧消化过程可以显著改变污泥的性质，与剩余活性污泥相比，厌氧消化污泥的脱水性能明显变差；裴海燕等[3]对含水率为 99.44%的剩余活性污泥和含水率为 98.6%的厌氧消化污泥进行相关对比研究，发现厌氧消化污泥的脱水性能较剩余活性污泥差；Dai 等[4]对污泥开展的厌氧消化小试结果表明，适当的消化时间及温度可以促进污泥脱水性能提高。因此，Houghton[5]总结前人的研究成果时将厌氧消化过程对污泥脱水性能的影响总结为两类：一类观点认为厌氧消化可以提高污泥脱水性能；另一类观点则相反，因此有必要对厌氧消化污泥的脱水性能开展深入的研究。

　　厌氧消化污泥不仅难以脱水，而且其脱水后的上清液中含有高浓度的营养物质（N 和 P），其 $NH_3\text{-}N$ 的浓度通常在 500～1500mg/L，且 C/N 值极低，如果直接将消化污泥脱水液回流入生物反应池前端进行处理，将会对生物处理系统的正常运行带来不利影响。此外，磷矿石是一种非常重要的不可再生资源，在农业和工业发展中必不可少；以目前的消耗速度推算，全球的 P 矿石将在 100 年内耗尽。因此，可以通过鸟粪石沉淀法将厌氧消化污泥中以溶解态存在的 P 和 N 以磷酸铵镁（$MgNH_4PO_4 \cdot 6H_2O$，俗称鸟粪石）的形式回收，这样既可以减少 N 和 P 向水体的排放量，又可以将回收的鸟粪石作为缓释肥应用于农业，进而缓解全球磷源紧张的现状。

　　本章的首要研究内容是利用γ射线辐射技术处理厌氧消化污泥，以探明辐射对其脱水性能的影响，并从机理上分析脱水性能发生变化的原因。其次，利用鸟粪石沉淀法对辐射后厌氧消化污泥脱水液中的 P 开展回收试验，并对回收得到的沉淀物的形貌及组成进行定性及定量分析。此外，对于原始剩余污泥及厌氧消化污泥，采用 CPAM 作为调理剂，测定表征污泥脱水性能的污泥比阻（SRF）、过滤时间（TTF_{50}）和滤饼含水率，并从污泥颗粒粒径分布和溶解性 EPS 含量及组成两方面进行对比分析，明确二者在脱水性能方面存在差异的原因，从而解释两者具有不同脱水性能的原因。

　　本章的研究内容可以为实现厌氧消化污泥脱水减量及后续的 P 回收提供一定的理论基础。

3.1
试验材料与方法

3.1.1　试验污泥性质

本试验所用的厌氧消化污泥取自武汉市某污水处理厂厌氧消化罐的循环管道，该厂采用一级中温厌氧消化工艺，取样后即刻转移到实验室，辐射后在 7d 内完成所有测定项目，初始厌氧消化污泥的理化特性如表 3-1 所列。

表 3-1　初始厌氧消化污泥理化特性

指标	均值
pH 值	7.5
TS/（mg/L）	20370
VS/（mg/L）	7235
SCOD/（mg/L）	483.0
SCOD/TCOD/%	4.27
NH_4^+-N/（mg/L）	675.2
PO_4^{3-}-P/（mg/L）	50.9
上清液浊度/NTU	17.3
溶解性有机碳（DOC）/（mg/L）	185.0

3.1.2　污泥辐射方法

本试验采用由湖北省农科院辐射检测中心提供的动态 ^{60}Co γ 辐射源，辐射源强度为 3.8×10^5Ci（1.4×10^{16}Bq），辐射室温度约为 25℃。本试验选取的吸收剂量范围在 2～15kGy 之间，设计 5 个辐射梯度，以研究辐射剂量对污泥预处理效果的影响，寻找最佳辐射条件以改善厌氧消化污泥的脱水性能。剂量率为 0.28Gy/s，吸收剂量的大小通过辐射时间进行控制，并采用重铬酸银剂量计跟踪测定。吸收剂量与辐射时间的关系见表 3-2。

表 3-2　吸收剂量与辐射时间的关系

吸收剂量/kGy	0	2	5	8	10	15
辐射时间/h	0	5.0	12.5	20	25	37.5

3.1.3 污泥脱水试验方法

（1）厌氧消化污泥脱水性能测定

将污泥样品分为两组：一组利用γ射线单独进行辐射处理；另一组采用相同剂量辐射后再投加 CPAM 进行调理，CPAM 的性质同 2.1.3.3 部分所述，投加量分别为 1.0kg/t TS 和 2.0kg/t TS，然后在混凝搅拌机（MY3000，梅宇，武汉，中国）上以 100r/min，25℃，搅拌 120s。经过调理后的两组厌氧消化污泥用真空吸滤法（vacuum filtration method，VFM）测定污泥脱水性能，将双层中速定量滤纸置于直径为 9cm 的布氏漏斗中，用蒸馏水润湿后启动真空泵，使滤纸紧贴布氏漏斗，将 100mL 污泥样品迅速倒入布氏漏斗中，调节真空度至 0.05MPa 保持恒定，抽滤 30min 直到没有水分滤出，记录过滤污泥样品时得到 50mL 滤液的时间（TTF_{50}），过滤结束后测定留在滤纸上的泥饼含水率。

采用 TTF_{50} 评价单独辐射对污泥脱水速率的影响，采用泥饼含水率评价单独辐射预处理及辐射-CPAM 联用对脱水程度的影响。用污泥颗粒粒径大小及分布、溶解性 EPS 含量和污泥颗粒 Zeta 电位的变化分析污泥脱水性能改变的原因。

（2）剩余活性污泥和厌氧消化污泥脱水性能比较试验

本次试验所研究的剩余活性污泥和厌氧消化污泥均取自武汉市某污水处理厂同一时期的处理产物，初始剩余活性污泥含水率为 98.8%，经自然沉降法浓缩后的剩余污泥含水率为 97.1%，厌氧消化污泥含水率为 96.9%。1000mg/L CPAM 的制备方法同 2.1.3.3 部分。

表征污泥脱水性能的过滤时间（TTF_{50}）、污泥比阻（SRF）和污泥滤饼含水率通过真空抽滤试验测定。在抽滤过程中，真空度保持为 0.03MPa，采用 7cm 双层中速定性滤纸过滤，剩余污泥、浓缩后剩余污泥和厌氧消化污泥的抽滤时间分别为 20min、50min 和 90min，对各污泥继续抽滤 30s 均不再有水分滤出，相应的计算公式同 2.1.3.3 部分。

3.1.4 鸟粪石沉淀法回收磷试验

由表 3-1 可以发现，厌氧消化污泥上清液中的 N 含量远高于 P 含量，在鸟粪石沉淀反应中，NH_4^+-N 含量充足，因此在后续的 N、P 回收试验中没有考虑补充 NH_4^+-N。

首先，根据 PO_4^{3-} 的含量和 Mg 与 P 的摩尔比（Mg/P=1.8）计算需要投加的 $MgCl_2 \cdot 6H_2O$ 的量。取 1L 辐射后的脱水液置于 1L 的烧杯中，用 1mol/L NaOH 将脱水液的 pH 值调节至 9.60，投加精确剂量的 $MgCl_2 \cdot 6H_2O$ 后，在转速为 100r/min 和室温（25℃）的条件下搅拌 30 min。反应结束并静沉一段时间后，混合液经定性滤纸过滤，滤液及滤渣分别保留，对滤液中的 NH_4^+-N、PO_4^{3-}-P、SCOD、浊度、DOC 和 pH 值等指标进行分析；将滤渣置于 40℃的烘箱中 48 h，然后取出烘干物，分别用扫描电镜（SEM，SUPRA 55，CARL·ZEISS，海登海姆，德国）、能谱仪（EDS，

X-Max，牛津，伦敦，英国）和 X-射线衍射仪（XRD，AXS D8 Advance，BRUKER，卡尔斯鲁厄，德国）分析其形貌特征、元素组成和晶体结构。

3.1.5　主要指标测定方法

污泥粒径大小及分布的测定方法同 2.1.3.1 部分。污泥 Zeta 电位和脱水液浊度分别用微电泳仪（JS94H，中晨，上海，中国）和浊度仪（TDT-5，恒岭，武汉，中国）测定。滤液中的 DOC 用 TOC 分析仪（Multi N/C 2100，Analytic Jena，耶拿，德国）测定，载气及辅助气体为高纯 O_2（99.9999%），催化剂为 Pt。SCOD、NH_4^+-N、PO_4^{3-}-P 和 pH 值根据《水和废水监测分析方法》第四版推荐的方法测定。溶解性 EPS 的 UV 光谱、FTIR 光谱的分析测定方法同 2.1.3.2 部分。

为了减小系统误差，所有测量的结果均为至少 3 次的平均值，利用 Origin 8.0 软件制图，利用 SPSS 18.0 软件进行 Pearson 相关性分析。

3.2
辐射对厌氧消化污泥脱水性能的影响

3.2.1　厌氧消化污泥脱水性能的变化

图 3-1 所示是电离辐射对厌氧消化污泥脱水性能的影响。如图 3-1（a）所示，经过电离辐射处理后，厌氧消化污泥的 TTF_{50} 从辐射前的 660s 急剧减小到 10kGy 时的 195s，辐射剂量达到 15kGy 时，TTF_{50} 略有增加，达到 225s，但仍然明显低于辐射前，说明辐射可以大幅提高厌氧消化污泥的脱水速率。泥饼含水率的变化趋势同 TTF_{50}，从辐射前的 80.08% 逐渐减小到 10kGy 时的 73.46%，随后增加到 15kGy 时的 74.11%，但相比处理前仍有显著改善，见图 3-1（b）。从脱水速率和脱水程度的结果可以看出，5～15kGy 的辐射剂量可以显著提高污泥的脱水性能，但 15kGy 的辐射剂量能耗较大，并且可能残留放射性物质，因此，综合考虑将最佳辐射剂量定为 5～10kGy。Cuba 等[6]对辐射后的厌氧消化污泥进行 0～12kGy 的辐射处理，发现厌氧消化污泥的毛细吸水时间（CST）随剂量的增大而不断减少，由初始时的 700s 逐渐减小至 12kGy 的 370s 左右，其原因可能是辐射可以影响胶体颗粒的表面电荷特性，破坏了胶体的稳定性。以上文献结论及本试验结果均表明单独利用电离辐射技术可以提高厌氧消化污泥的脱水性能。

辐射和 CPAM 共同调理后厌氧消化污泥的脱水试验结果见图 3-1（c），然而期望的协同效应并没有出现，此次脱水试验的最佳点出现在 8kGy 辐射和 2kg CPAM/t TS 共同处理时，此时泥饼含水率为 72.68%，相比单独辐射的最佳点（10kGy，泥饼含水率 73.46%）其脱水性能几乎没有提高，这一现象与辐射法处理剩余活性污泥类似。由此推测，2～15kGy 范围内的辐射剂量对于 CPAM 的消耗没有明显影响，相应的作用机理还有待进一步研究。

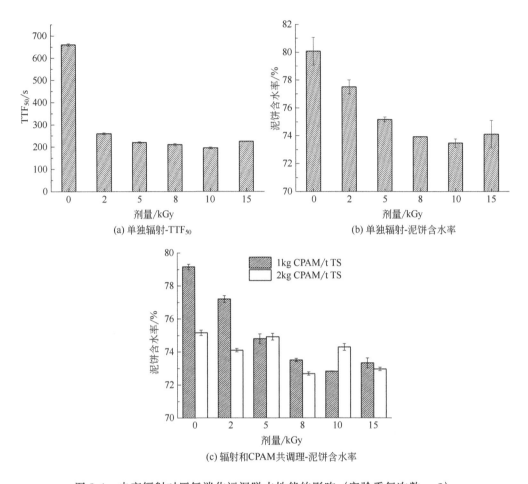

图 3-1　电离辐射对厌氧消化污泥脱水性能的影响（实验重复次数 n=3）

3.2.2　辐射改善厌氧消化污泥脱水性能的机理

辐射后，厌氧消化污泥的粒径分布和比表面积变化情况如表 3-3 所列，由表可以看出，污泥颗粒的粒径 dp_{50} 由初始的 29.67μm 逐渐减小至 15kGy 时的 28.44μm，比表面积则相应的由 4056cm²/mL 增加到 4223cm²/mL，颗粒粒径和比表面积的大小总体上变化不明显。由表 3-4 的相关性分析结果来看，粒径及比表面积均与辐射剂量没有显著相关性，由此表明辐射没有引起厌氧消化污泥絮体和细胞结构的明显破坏。

表 3-3　辐射对污泥粒径和比表面积的影响

辐射剂量/kGy	0	2	5	8	10	15
dp_{50}/μm	29.67	28.80	27.82	28.24	28.44	28.44
比表面积/（cm²/mL）	4056	4182	4404	4264	4252	4223

表 3-4　辐射剂量与污泥理化特性的相关性分析

指标	Pearson 相关系数
dp_{50}	−0.528
比表面积	0.369
DOC	0.985[①]

① $P < 0.01$。

　　厌氧消化污泥的胞外聚合物（EPS）主要由蛋白质、多聚糖和核酸等有机物组成，其总量可以用 DOC 表示。辐射剂量对于 DOC 的影响见图 3-2，DOC 随辐射剂量的增加而逐渐增加，辐射前污泥的 DOC 含量为 185.0mg/L，15kGy 时 DOC 含量增加到 325.4mg/L，增幅为 75.9%，表明辐射引起了污泥中 EPS 的溶解和释放，进而由固相转移到液相，由表 3-4 也可以看出溶解性 EPS 含量与辐射剂量呈现显著相关性。

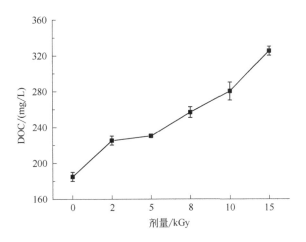

图 3-2　辐射剂量对溶解性有机物含量的影响（n=3）

　　EPS 中包含有很多官能团，例如羧基—COOH、羟基—OH 和氨基—NH₂，这些官能团可以充当生物吸附剂，为污泥中的小颗粒提供吸附位点，从而促进污泥颗粒絮凝进而提高脱水性能。此外，EPS 由于辐射作用而脱离絮体表面，污泥絮体的胶体稳定性被破坏，失稳的污泥絮体将一部分结合水释放到上清液中，从而促进脱水性能改善。由对溶解性 EPS 的分析可以推测，辐射后再投加的大部分 CPAM 可能优先与这部分 EPS 结合，削弱了 CPAM 应有的调理效果，从而导致辐射与 CPAM 联用没有体现出明显的协同效果，而该推测是否合理以及换用其他类型的絮凝剂与辐射共调理时的脱水效果如何，还需要今后更加深入的研究分析。另外，污泥颗粒表面由于 EPS 中部分官能团（羧基—COOH、氨基—NH_2 和磷酸盐基团）的离子化作用而带负电荷，高的表面负电荷会引起电性排斥作用，从而阻止颗粒脱稳。如图 3-3 所示，辐射后污泥的 Zeta 电位从辐射前的-31.08mV 升高到 8kGy 的-13.09mV，之后略有下降。总体来看，污泥经过辐射后，Zeta 电位的绝对值显著降低，逐渐趋近于等电点，污泥颗粒的电性排斥作用变弱，从而使脱水性能得到改善。

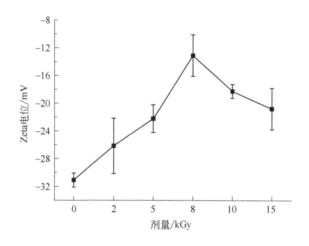

图 3-3　辐射剂量对污泥 Zeta 电位的影响（n=5）

厌氧消化污泥脱水性能的改变主要归因于·OH 的强氧化作用，当·OH 的理论浓度在 1.4~4.20mmol/L 时，辐射可以导致污泥絮体中的 EPS 溶解释放和污泥颗粒表面电荷绝对值的减小，从而促进脱水性能提高。图 3-4 为厌氧消化污泥经辐射改善脱水性能示意。

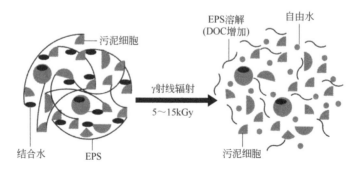

图 3-4　γ射线辐射改善厌氧消化污泥脱水性能示意

3.3
鸟粪石沉淀法回收辐射污泥脱水液中的磷

3.3.1 辐射污泥脱水液中氮和磷的回收效率

前述的研究表明，一定剂量范围的电离辐射可以提高厌氧消化污泥的脱水性能，但是如表 3-1 和表 3-5 所列，辐射脱水液中的 N、P 等物质含量比辐射前有所增加，其中 SCOD、NH_4^+-N 和 PO_4^{3-}-P 的含量分别由辐射前的 483.00mg/L、675.20mg/L 和 50.91mg/L 增加到 10kGy 时的 749.80mg/L、697.95mg/L 和 55.39mg/L，辐射前及辐射后的污泥脱水液的 C/N 值分别为 0.72 及 1.1，如果将这部分高氮滤液直接回流至生物反应池前端将给生物反应系统带来明显的额外负担。

表 3-5 辐射后污泥上清液和鸟粪石沉淀形成后上清液的特性

项目	SCOD/ （mg/L）	NH_4^+-N/ （mg/L）	PO_4^{3-}-P/ （mg/L）	浊度/NTU	pH 值
辐射上清液（10kGy）	749.80	697.95	55.39	6.95	8.10
鸟粪石沉淀后上清液	621.00	592.72	7.74	3.05	9.60
去除率/%	17.18	15.08	86.07	56.12	—

污泥中的 N、P 既存在于胞外聚合物中也存在于胞内物质中，结合 3.2.1.2 部分的分析，N、P 等物质含量的增加主要是由辐射导致 EPS 溶解释放所致，而这部分 N、P 可以通过鸟粪石沉淀的方式一次性得到回收，并且回收总量将大于辐射前的回收量，这样既可以增加污泥的再利用价值和效益，同时避免了将脱水液直接回流到生物反应池前端而增加的 N、P 负荷。本节试验选择 3.2.1 部分中脱水性能试验的最佳辐射剂量点即 10kGy 时的辐射污泥作为回收鸟粪石沉淀的对象。辐射脱水液和回收鸟粪石后的上清液性质比较如表 3-5 所列，由该表可以看出，鸟粪石沉淀反应结束后，污泥脱水液中的 NH_4^+-N 和 PO_4^{3-}-P 的含量分别减少了 15.08% 和 86.07%。由于 ADS 脱水液中氨氮充足，只要保证镁、磷摩尔比大于 1:1，pH 值在 8.5 以上，PO_4^{3-} 的去除率便可达到 85% 以上；Waclawek 等[7]的研究结果表明，当镁、磷的摩尔比分别为 1:1 和 1.2:1 时，PO_4^{3-} 的去除率分别为 81% 和 86.7%，表明鸟粪石沉淀法可以用于厌氧消化污泥辐射脱水液中的 P 回收。

鸟粪石沉淀法除了可以回收污泥脱水液中的部分 N 和 P 外，其 SCOD 的含量也从辐射后的 749.80mg/L（10kGy）降到 621.00mg/L，降幅为 17.18%（表 3-5），这个结果表明鸟粪石沉淀过程伴随着有机物的共沉淀。上清液浊度的变化趋势同

SCOD，由形成沉淀前的 6.953NTU（10kGy）降低到形成沉淀后的 3.046NTU。初始污泥脱水液、辐射污泥脱水液和鸟粪石沉淀形成后上清液的 UV 光谱图如图 3-5 所示。由图 3-5 可以看出，相比初始污泥，10kGy 辐射后的污泥样品在 240～300nm 波长范围内出现了明显的新吸收带，该吸收带可能是由于辐射引起的蛋白质和核酸等物质释放，这个结果与 3.2.2 部分中关于 EPS 溶解和释放的分析相一致，而鸟粪石沉淀形成后滤液的 UV 谱图在 240～300nm 之间的吸收峰强度相比 10kGy 有所削弱，表明溶解性蛋白质和核酸等物质含量有所降低，这可以成为解释 SCOD 降低的原因之一。

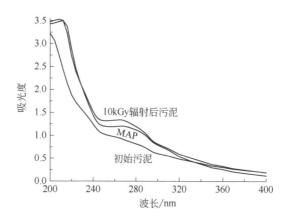

图 3-5 不同情况下上清液（MAP）的 UV 光谱

3.3.2 鸟粪石沉淀物的成分分析及形成过程

沉淀物的形貌特征如图 3-6（彩图见书后）和图 3-7 所示，沉淀物呈现出稳定的

图 3-6 鸟粪石晶体形貌图

白色晶体形态，并且带有角锥状的晶格。图 3-8 所示是沉淀物的 EDS 分析结果，由图可以看出，沉淀物的主要元素中含有 Mg 和 P，并且 Mg、P 的摩尔比为 1.11∶1，非常接近理论上的摩尔比 1∶1。图 3-9（a）是鸟粪石沉淀物的标准 XRD 图谱，图 3-9（b）是本次试验得到的沉淀物的 XRD 图谱，与标准图谱对比基本可以肯定得到的沉淀物就是鸟粪石晶体。

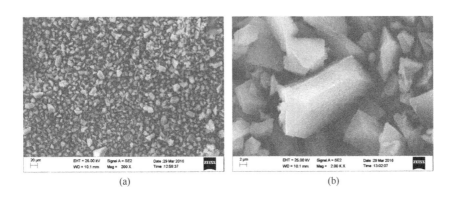
(a)　　　　　　　　　　　　　　(b)

图 3-7　不同放大倍数下鸟粪石晶体的 SEM 表观图

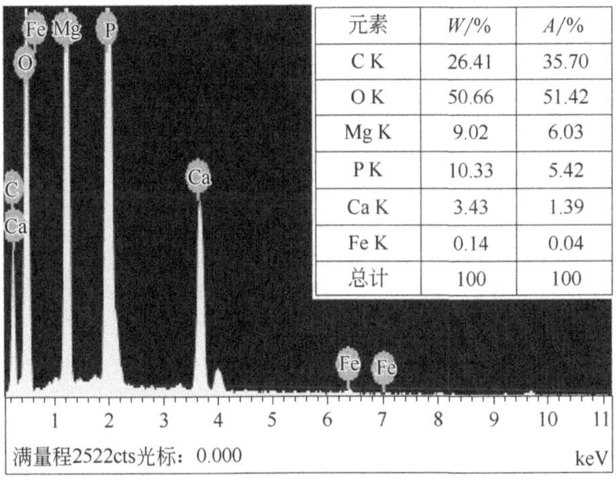

元素	$W/\%$	$A/\%$
C K	26.41	35.70
O K	50.66	51.42
Mg K	9.02	6.03
P K	10.33	5.42
Ca K	3.43	1.39
Fe K	0.14	0.04
总计	100	100

满量程2522cts光标：0.000　　　　　　　　keV

图 3-8　鸟粪石晶体的 EDS 分析图

本试验中鸟粪石沉淀过程涉及的主要化学反应如式（3-1）～式（3-4）所示，在 pH 值为 9.60、投加一定量的 Mg 盐并且搅拌的条件下，污泥脱水液中的 NH_4^+-N 和 PO_4^{3-}-P 便迅速以鸟粪石的形式沉淀下来，同时伴随有一定量的 H^+ 释放到溶液中。很多研究表明，厌氧消化污泥上清液中通常含有较高的碳酸盐碱度（CO_3^{2-}）和碳酸氢盐碱度（HCO_3^-），这些 CO_3^{2-} 和 HCO_3^- 会与污泥上清液中的 NH_4^+ 和 Mg^{2+} 反应生成 $MgCO_3$、$Mg(HCO_3)_2$ 和 NH_4HCO_3，从而降低鸟粪石的回收效率。然而沉淀反应释放的 H^+ 会与一部分 CO_3^{2-} 和 HCO_3^- 反应，生成 CO_2 气体，如式（3-2）和式（3-3）所示。在持续的搅拌作用下，一部分 CO_2 气体可以从反应体系中逸出，从而降低污泥上清液碱度。从本试验中获得的 PO_4^{3-} 去除率来看，污泥碱度对鸟粪石沉淀反应的影响较小，因此，本研究没有重点考虑碱度影响。

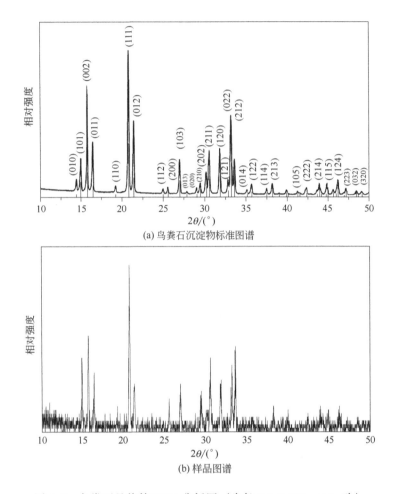

(a) 鸟粪石沉淀物标准图谱

(b) 样品图谱

图 3-9　鸟粪石晶体的 XRD 分析图（步长 $2\theta=0.02°$，0.1s/步）

按照理论值计算，形成鸟粪石沉淀后 NH_4^+-N 的去除率约为 1.6%，而实际去除率高于理论计算值，可能是由于上清液体系中投加一定量的碱以后，NH_4^+ 与 OH^- 反应生成 NH_3 如式（3-4），一部分 NH_3 在机械搅拌作用下从体系中挥发，从而提高了 NH_4^+-N 的总去除率。

$$Mg^{2+} + NH_4^+ + H_nPO_4^{3-n} + 6H_2O \longrightarrow MgNH_4PO_4 \cdot 6H_2O + nH^+, n=0,1或2 \quad (3\text{-}1)$$

$$HCO_3^- + H^+ \longrightarrow CO_2 + H_2O \quad (3\text{-}2)$$

$$CO_3^{2-} + 2H^+ \longrightarrow CO_2 + H_2O \quad (3\text{-}3)$$

$$NH_4^+ + OH^- \longrightarrow NH_3 + H_2O \qquad (3\text{-}4)$$

尽管利用鸟粪石沉淀法回收污泥脱水液中的 N、P 过程会伴随其他物质（包括非鸟粪石形式存在的磷化合物、有机物等）的生成，但从 PO_4^{3-} 和 NH_4^+ 的去除率及对沉淀物的成分分析来看，沉淀物中的鸟粪石是确实存在的。研究表明，这些共存物质不会影响该沉淀物作为缓释肥使用。因此本试验利用鸟粪石沉淀法回收辐射后厌氧消化污泥脱水液中的磷，具有一定的现实意义和应用前景。

3.4
剩余活性污泥与厌氧消化污泥脱水性能对比分析

3.4.1 辐射后剩余污泥及厌氧消化污泥脱水性能对比分析

由 3.2.1 部分及 2.4.1 部分的试验结果可以得到电离辐射对剩余活性污泥（WAS）、浓缩后剩余活性污泥（TWAS）和厌氧消化污泥（ADS）脱水性能的结果对比，如表 3-6 所列。由表可知，3 类污泥经过电离辐射后泥饼含水率的最大下降幅度均为 6%左右，但适于改善厌氧消化污泥的辐射剂量及真空度均明显高于剩余活性污泥及浓缩污泥，表明在改善污泥脱水性能方面，厌氧消化污泥所需的能耗更大。因此有必要研究二者在脱水性能方面存在差异的原因，为污泥脱水减量进一步提供理论基础。

表 3-6　电离辐射对 WAS、TWAS 和 ADS 的脱水性能比较

项目	改善脱水性能的最佳剂量范围/kGy	泥饼含水率下降范围及极值/%	过滤时间/min	真空度/MPa
WAS	1~4	88.77→82.00, 6.77	10	0.03
TWAS	1~4	85.60→79.60, 6.00	30	0.03
ADS	5~10	80.08→73.46, 6.62	30	0.05

3.4.2 初始剩余污泥及厌氧消化污泥脱水性能对比分析

（1）脱水试验结果

将预先配置好的 CPAM 试剂按污泥固体总量的 0kg/t TS、0.5kg/t TS、1.0kg/t TS 和 1.5kg/t TS 四个梯度分别投加到未经辐射处理的初始剩余活性污泥、浓缩后剩余活性污泥和厌氧消化污泥中，在混凝搅拌仪上以 100r/min 搅拌 1min。经过 CPAM 调理前后三种污泥的 SRF 和 TTF_{50} 如表 3-7 所列，其结果表明在相同的 CPAM 投加

量下剩余污泥经浓缩后脱水速率有所降低，厌氧消化污泥的 SRF 和 TTF$_{50}$ 均明显大于剩余污泥及浓缩后的剩余污泥，即厌氧消化过程会显著降低污泥的脱水速率。

表3-7　不同 CPAM 投加量条件下 WAS、TWAS 和 ADS 的 SRF 和 TTF$_{50}$

项目	CPAM 投加量/（kg/t TS）	0	0.5	1.0	1.5
WAS	SRF/（10^{11}m/kg）	4.91	3.13	2.35	2.26
	TTF$_{50}$/s	110	80	65	30
TWAS	SRF/（10^{11}m/kg）	5.12	3.92	2.84	2.68
	TTF$_{50}$/s	345	240	180	60
ADS	SRF/（10^{12}m/kg）	2.46	1.18	0.74	0.27
	TTF$_{50}$/s	3000	1020	540	192

表征污泥脱水程度的泥饼含水率变化情况如表 3-8 所列，尽管厌氧消化过程会降低污泥脱水速率，但在相同的 CPAM 投加量和延长真空抽滤时间的条件下，厌氧消化污泥的脱水滤饼含水率低于剩余活性污泥。由此可见，从脱水速率及脱水程度这两个不同的评价指标来看，厌氧消化过程会对污泥产生截然不同的脱水结果，从而可以解释有些研究者认为厌氧消化过程可以提高污泥脱水性能，而另外一些研究者则认为厌氧消化污泥相比剩余活性污泥难以脱水。

表3-8　不同 CPAM 投加量条件下 WAS 和 ADS 的泥饼含水率

项目	CPAM 投加量/（kg/t TS）			
	0	0.5	1.0	1.5
WAS 泥饼含水率/%	80.70	80.17	80.06	78.53
ADS 泥饼含水率/%	79.83	77.10	77.00	74.51

（2）粒径分布及比表面积对比分析

图 3-10 和图 3-11 分别为剩余活性污泥和厌氧消化污泥颗粒粒径的频度分布曲线和累计分布曲线。由图 3-10 可以看出，剩余污泥中粒径为 83.9μm 的颗粒所占比例最大，体积分数为 5.57%，而厌氧消化污泥中粒径为 36.24μm 的颗粒所占比例最大，体积分数为 5.23%。由图 3-11 可知，剩余污泥中粒径在 100μm 以下的颗粒所占体积比约为 75%，而厌氧消化污泥则为 94% 左右。有研究表明，粒径范围在 1～100μm 的超胶体颗粒数量是影响污泥脱水性能的重要因素，超胶体颗粒所占比例越大，则脱水性能越差。厌氧消化过程显著增加了污泥中超胶体颗粒的数量，从而导致污泥脱水速率降低。表 3-9 是剩余污泥和厌氧消化污泥的粒径分布统计及比表面积测定结果，由该表可知，厌氧消化过程使污泥粒径显著减小，进而导致颗粒比表面积增大，对水的吸附能力增强，致使脱水速率变差。但消化过程会导致污泥絮体

及细胞结构被显著破坏，将部分结合水释放出来，在加大过滤压差或延长过滤时间的条件下可以取得更低的泥饼含水率，正如本试验的结果所示。

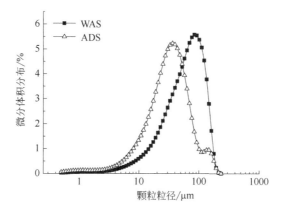

图 3-10　污泥颗粒粒径频度分布

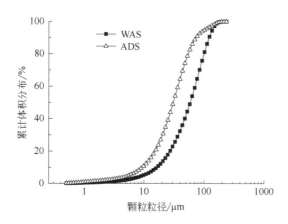

图 3-11　污泥颗粒粒径累计分布

表 3-9　剩余活性污泥和厌氧消化污泥的粒径分布和比表面积

项目	平均粒径/μm	粒径分布 dp_f/ μm					比表面积/ （m²/g TS）
		dp_{10}	dp_{25}	dp_{50}	dp_{75}	dp_{90}	
WAS	70.44	17.91	35.46	64.82	100.04	132.09	3.93
ADS	42.00	10.23	19.56	33.75	53.61	80.80	4.44

（3）EPS 对比分析

对该批次的 2 种污泥采用离心分离法得到溶解性 EPS，再由重量法测定其含量，结果表明，剩余污泥和厌氧消化污泥中的溶解性 EPS 含量分别为 310mg/L 和 760mg/L，厌氧消化过程使污泥中溶解性 EPS 的含量增幅达到 145%。

图 3-12 是污泥溶解性 EPS 的 UV 光谱图，由该图可以看出，经过厌氧消化后溶

解性 EPS 的吸光度（absorbance，ABS）显著增加，其中在 240～300nm 之间出现了新吸收带，由于蛋白质和核酸在该波长范围内有强烈的吸收，而且核酸是微生物细胞内特有的物质，未经厌氧消化处理的污泥其 EPS 中的核酸含量相对较少，由此判断，厌氧消化过程促使微生物细胞结构被显著破坏，从而将大量蛋白质和核酸等物质从污泥固相释放到液相中，同时形成了数量众多的小颗粒。

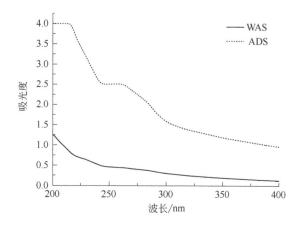

图 3-12　污泥溶解性 EPS 的 UV 光谱图

图 3-13 是溶解性 EPS 的 FTIR 光谱图，分析表明 EPS 中存在很多基团。特征明显的强频段指示着蛋白质基团（$3145cm^{-1}$，$1638cm^{-1}$）和多聚糖基团（$1045cm^{-1}$）的存在；强度较弱的频段指示着脂类（$2936cm^{-1}$）等；而指纹区的一些频段可能指示着核酸组成基团之一的磷酸盐的存在。由 FTIR 谱图的变化可以看出，厌氧消化后溶解性 EPS 的部分功能基团发生了变化：位于 $2936cm^{-1}$ 附近的 CH_2 反对称伸缩振动明显减弱，指示脂类含量减少，表明消化过程使胞外聚合物中的部分成分降解；

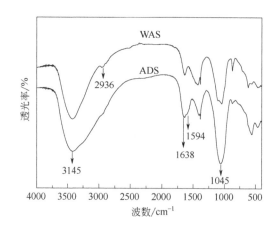

图 3-13　污泥溶解性 EPS 的 FTIR 图

位于 1638cm⁻¹ 和 1045cm⁻¹ 附近的峰强大幅增加，分别指示着酰胺 I（蛋白质肽键）基团的出现和多聚糖含量的增加，表明厌氧消化过程使更多蛋白质和多聚糖由不溶态转变为溶解态而进入污泥液相中；在 1594cm⁻¹ 附近新出现的是酰胺 II（蛋白质肽键）吸收峰，新吸收峰的出现表明有更多新种类的蛋白质由不溶态变为可溶态，表明污泥在厌氧消化过程中大量有机物溶出并且进一步得到降解。

由以上分析可以推测，厌氧消化过程会将大量的 EPS 释放到污泥液相，并且其中的主要成分即蛋白质和多聚糖等大分子物质会进一步被降解为小分子物质。这些进入污泥液相的大量 EPS 会增加污泥的表观黏度，影响泥水分离过程，从而使厌氧消化污泥脱水速率降低。

根据以上对 2 种污泥的粒径、比表面积及溶解性 EPS 的比较分析可知，厌氧消化过程使污泥絮体解体、细胞壁破裂，在降解有机物实现污泥稳定化的同时，会导致污泥颗粒粒径显著减小、EPS 大量释放，使得脱水速率较剩余污泥变差，但由于污泥絮体及细胞结构破裂使得更多的结合水释放成为自由水，在加大过滤压差或延长过滤时间的条件下，可以使泥饼的含水率更低，但能耗会相应增大。因此，在分析污泥的脱水性能时有必要从脱水速率及脱水程度两个方面进行探讨，从而得出较全面的结论。也正是由于上述原因，在厌氧消化污泥进行脱水减量前需要更大剂量的辐射预处理以改变污泥的水分分布及表面电荷。

参考文献

[1] Song K, Zhou X, Liu Y Q, et al. Role of oxidants in enhancing dewaterability of anaerobically digested sludge through Fe（II）activated oxidation processes: Hydrogen peroxide versus persulfate [J]. Scientific Reports, 2016, 6（1）: 1-9.

[2] Song K, Zhou X, Liu Y Q, et al. Improving dewaterability of anaerobically digested sludge by combination of persulfate and zero valent iron [J]. Chemical Engineering Journal, 2016, 295: 436-442.

[3] 裴海燕, 胡文荣, 李晶, 等. 活性污泥与消化污泥的脱水特性及粒径分布 [J]. 环境科学, 2007, 28（10）: 2236-2242.

[4] Dai Y K, Huang S S, Liang J L, et al. Role of organic compounds from different EPS fractions and their effect on sludge dewaterability by combining anaerobically mesophilic digestion pre-treatment and Fenton's reagent/lime [J]. Chemical Engineering Journal, 2017, 321: 123-138.

[5] Houghton J I, Stephenson T. Effect of influent organic content on digested sludge extracellular polymer content and dewaterability [J]. Water Research, 2002, 36（14）: 3620-3628.

[6] Cuba V, Pospisil M, Mucka V. Electron beam/biological processing of anaerobic and aerobic sludge [J]. Czechoslovak Journal of Physics, 2003, 53（supply A）: A369-A347.

[7] Waclawek S, Grübel K, Dennis P, et al. A novel approach for simultaneous improvement of dewaterability, post-digestion liquor properties and toluene removal from anaerobically digested sludge [J]. Chemical Engineering Journal, 2016, 291: 192-198.

第4章

低温热水解处理剩余活性污泥及碳源回收利用

20 世纪 90 年代及 21 世纪初，我国建设的大批城镇污水处理厂都要求满足《城镇污水处理厂污染物排放标准》（GB 18918—2002）中的一级 B 甚至一级 A 标准的要求，而其中排放水中的总氮（TN）、总磷（TP）含量不达标成为很多污水处理厂面临的瓶颈。尽管生物脱氮除磷工艺可以有效地去除废水中的 N 和 P，但是废水中的聚磷菌和异养型反硝化菌的正常代谢需要有足够的碳源作为电子供体。研究表明，进水 COD/TN≥6 和 COD/TP≥35 时，有利于进水中 N 和 P 的去除，而许多污水处理厂的原水通常存在碳源不足的问题。为了实现脱氮除磷目标，国内外污水处理厂普遍采用向进水中投加甲醇、乙酸钠、葡萄糖等作为外加碳源的方法，这不仅大大增加了污水处理厂的药剂费用，也会增加出水的 COD 含量及污泥产量。因此，现有城镇污水处理厂在不增加外投碳源的条件下，采用何种工艺使出水 TN、TP 达标，是一个亟待解决的现实问题。

采用破解污泥作为补充碳源投加到生物脱氮反应池是近几年研究的一个热点。首先需要实现的是污泥破解，已报道的剩余污泥破解技术有化学法（酸/碱解法、芬顿氧化法、ClO_2 氧化法）、机械法（如高压均质法、超声波法、微波法）、电离辐射法和热水解法等，破解后的污泥利于实现减量化目的。将破解后的污泥或者其上清液作为碳源投加到生物反应池作为脱氮除磷碳源，从而实现污泥处理的资源化也是目前的研究热点。热水解技术在近年来得到广泛关注，目前国内外许多学者均对其进行了相关研究，分析了水解后污泥的有机物释放、重金属形态、颗粒尺寸、脱水特性等理化性质，并将其作为厌氧消化工艺的预处理环节应用于污水处理厂，取得了大量的研究成果。然而，关于将热水解污泥上清液用于生物脱氮除磷工艺（BNR）的研究报道较少；同时，许多学者对剩余污泥经热水解后的脱水性能进行过相关研究，然而得出的结论并不完全一致。

本研究采用热水解技术破解剩余活性污泥，研究其对剩余污泥中有机物及营养物质的释放特性，寻找产生优质碳源的最佳条件，同时探讨热水解对于污泥脱水性能的影响，最后将水解上清液作为碳源投加到低 C/N 值的工业废水中开展相关中试研究，以考察其对生物反应系统的影响，并建立两级 A/O 工艺氮平衡模型，为剩余污泥的减量化和资源化提供一定的理论基础。

4.1
试验材料与方法

4.1.1　剩余污泥性质

初始剩余活性污泥样品的基本理化性质见表 4-1。

表 4-1 热水解小试初始污泥理化特性

参数	单位	均值
pH 值	—	6.94
TS	mg/L	25790
SCOD	mg/L	15.99
TCOD	mg/L	13932
溶解性蛋白质	mg COD/L	0
溶解性碳水化合物	mg COD/L	0.17
溶解性 TN	mg/L	5.02
溶解性 TP	mg/L	0.36
NH_3-N	mg/L	3.20
TTF_{50}	s	28

实验室规模的热水解待测污泥取自武汉市某污水处理厂，该厂采用厌氧/好氧（A_P/O）生物强化除磷工艺，处理城镇污水量为 $30×10^4 m^3/d$，服务人口近 100 万。剩余污泥取样点设在二沉池的污泥回流管路上，采用敞口塑料桶装取活性污泥后即刻移送至实验室，过孔径为 1.5mm 的实验筛以除去砂粒等大颗粒杂物，进行热水解前将泥样储藏于 4℃ 的冰箱中。经过热解处理后的剩余污泥，在 7d 内完成各项理化指标分析。

中试现场所用剩余污泥取自荆州市公安县某污水处理厂，该厂采用 A^2/O 生物脱氮除磷工艺，处理城镇污水量为 $6×10^4 m^3/d$，服务人口近 23 万。剩余污泥取样点设在带式压滤脱水间，热水解前将泥样储藏于 4℃ 的冰箱中。表 4-2 所列为中试现场脱水剩余污泥的主要理化性质。

表 4-2 中试初始剩余污泥主要理化性质

参数	单位	均值
TS（质量分数）	%	20.0
SCOD	mg/L	38.6
溶解性 TN	mg/L	3.8
溶解性 TP	mg/L	1.0
NH_3-N	mg/L	0.5

4.1.2 低温热水解方法

实验室规模的热水解首先采用单因素试验法，取 300mL 左右的污泥置于 500mL 烧杯中，加盖表面皿以减小加热过程中的蒸发现象，放置于恒温水浴锅内（HH-8，国华，常州，中国），分别在 60℃、80℃ 和 100℃ 条件下加热水解 60min，在水解过程中不搅拌，其中升温时间不计入水解时间。另取若干份 100mL 污泥样品置于 100mL 具塞比色管中，置于高压蒸汽灭菌锅中（LY-B0.018，鸿雁，武汉，中国），在 120℃条件下水解 60min。达到预定加热时间后，将各污泥样品取出后迅速冷却，置于 4℃冰箱内待测。待测指标有 COD、TN、TP、NH_3-N、BOD_5、DNA、蛋白质、碳水化合物、粒径大小及分布、EPS 含量及脱水性能等。为了减小系统误差，所有水解条件均至少进行 2 组平行试验。

由于碱性水解易操作，对污泥的破解效率高，能加速水解反应，故将投碱量也作为热水解试验的一个影响因素进行考察。以污泥含水率（99%，98%，97%和96%）、热水解时间（30min，60min，90min 和 120min）、热水解温度（60℃，80℃，100℃和 120℃）和投碱量（0，0.01gNaOH/gTS，0.02gNaOH/gTS 和 0.03gNaOH/gTS）作为影响因素，进行 4×4 共 16 组的正交小试。试验方法同 4.1.2.1 部分的单因素试验。水解后的待测指标有 COD、TN、TP 和 NH_3-N。为了减小系统误差，所有水解条件均至少进行 2 组平行试验。

4.1.3 污泥低温热水解上清液作为反硝化碳源的中试方法

中试试验装置的流程示意及实物照片分别如图 4-1 和图 4-2 所示。

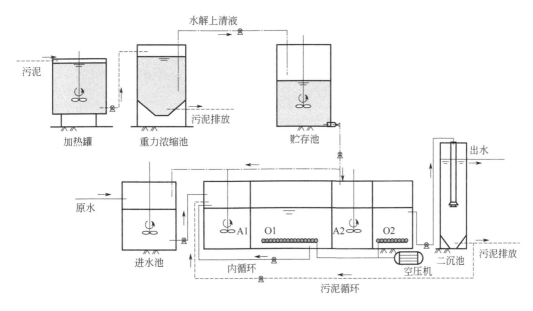

图 4-1　污泥热水解及两级 A/O 生物反应系统工艺流程示意

整套中试装置由热水解系统及两级缺氧/好氧（A/O/A/O）生物反应系统组合而成，仅在第一级 A/O 池设置内循环。生物反应池的总有效容积为 2.376m^3，其中缺氧一区分为 2 个廊道，有效容积为 0.756m^3，好氧一区分为 3 个廊道，有效容积为 1.296m^3，缺氧二区及好氧二区的有效容积分别为 0.216m^3 和 0.108m^3，理论水力停留时间（HRT）为 23.76h。二沉池设计高度为 3.7m，二沉池直径为 0.4m，表面积为 0.125m²。当进水流量为 100L/h 时，二沉池的表面负荷为 0.8m³/（m²·h）；其沉淀区高度约为 1.6m，则沉淀时间约为 2h。

图 4-2　中试装置实景图片

典型有机固体废物高效处理处置与资源化

中试装置主要构筑物及设备的特征参数见表4-3。

表4-3　中试系统主要构筑物及设备特征参数

编号	名称	特征参数：材质，有效容积（m³），直径×高（m×m），或长×宽×高（m×m×m）	备注
①	加热搅拌罐	不锈钢，0.5，0.8×1.0	1个
②	水解浓缩液储存池	钢制，0.5，0.8×1.3	1个
③	水解上清液储存池	钢制，0.5，0.8×1.3	1个
④	进水池	PVC，0.9，1.1×1.1	2个
⑤	缺氧池1	钢制，0.756，1.8×0.7×0.8	2廊道
⑥	好氧池1	钢制，1.296，1.8×1.2×0.8	3廊道
⑦	缺氧池2	钢制，0.216，0.6×0.6×0.8	1个
⑧	好氧池2	钢制，0.108，0.6×0.3×0.8	1个
⑨	二沉池	钢制，0.45，0.4×3.7	1个
⑩	待水解污泥储存池	钢制，0.5，0.8×1.3	1个
⑪	重力浓缩池	钢制，0.5，0.8×1.3	1个
⑫	计量泵	—	7台
⑬	曝气装置	鼓风曝气系统	1套
⑭	自控系统		1套

生物反应池主体的平面图如图4-3所示。

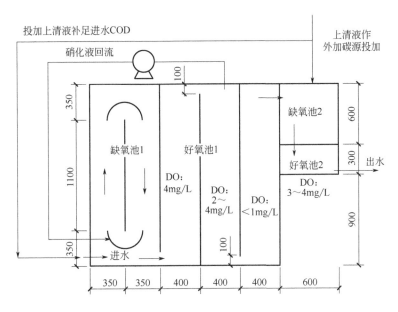

图4-3　生物反应系统平面图

该套中试装置以污泥热水解液作为补充的反硝化碳源，以两级 A/O 工艺为生物脱氮除磷系统，待处理废水主要为荆州市公安县某氨基酸厂排出的中等浓度的氨氮废水，另混合有少量某造纸厂的高 COD、高 SS、高色度废水及少量生活污水。各主要污水源的污染物指标如表 4-4 所列。

表 4-4　中试系统原水组成及污染物指标

项目	BOD$_5$	COD	SS	TN	NH$_3$-N	TP	pH 值
生活污水	90	250	160	30	25	3.5	6～9
氨基酸废水（原水）	100	300	—	70～140	63～126	0.1	6.5～7
造纸废水	705	1883	2097	—	12	1.2	—

注：以上各项指标（除 pH 值外）单位均为 mg/L。

来自荆州市公安县某污水处理厂的剩余活性污泥以序批式的形式首先进入热水解加热罐进行加热（XT-JBG，兴唐电加热设备有限公司，盐城，中国），设备恒定转速为 88r/min，水解得到的上清液作为反硝化碳源与原水混合后进入一级缺氧池，再与一级好氧段回流的硝化液混合后进行反硝化脱氮，同时消耗大量 COD。一级缺氧段出水进入一级好氧段，降解剩余 COD，并将污水中绝大部分的氨氮在硝化菌的作用下转化成硝态氮。二级缺氧池及二级好氧池重复一级 A/O 池的过程，进一步去除 TN 及剩余的 COD。当进水 TN 含量较高，出水 TN 达不到排放标准时，需要在二级缺氧池入口处补充水解上清液作为二级碳源。在二级好氧区出口投加聚合氯化铝溶液（PAC），出水进入二沉池进行泥水分离，二沉池出水可直接排放，二沉池排出的污泥一部分利用计量泵连续回流至一级缺氧池，一部分作为剩余污泥间歇排出系统。

中试的设计运行工况如表 4-5 所列，不同工况条件下生物反应系统的实际 HRT 即进、出水取样间隔时间如表 4-6 所列。各设计运行工况的主要差异在于进水 TN 含量、内回流比及实际 HRT，进水 TN 的不断提高需要补充更多的额外碳源；HRT 不仅要满足微生物及基质之间完成生物反应所需的接触时间，而且 HRT 可以影响 EPS 的组分、微生物活性及菌落组成，从而对处理效果产生直接影响。排放标准执行《城镇污水处理厂污染物排放标准》（GB 18918—2002）中的一级 B 标准。

表 4-5　中试设计工况

工况	进水水质/（mg/L）			设计运行条件					
	COD	TN	TP	进水流量/（L/h）	出水流量/（L/h）	污泥回流比 R/%	内回流比 R/%	HRT/h	水温/℃
1	600	70	6				150～200		
2	600	100	6	100	100	100	250	23.76	25±3
3	600	120	6				300		
4	600	140	6				300		

注：污泥龄均为 25d。

典型有机固体废物高效处理处置与资源化

表 4-6　中试进出水取样间隔时间计算表

R_i/%	A1/h	O1/h	A2/h	O2/h	二沉池/h	$\sum$/h
150	2.16	3.70	1.08	0.54	2	9.48
200	1.89	3.24	1.08	0.54	2	8.75
250	1.68	2.88	1.08	0.54	2	8.18
300	1.51	2.59	1.08	0.54	2	7.72

根据 4.1.2 部分的单因素试验及正交试验结果综合确定最适于进行中试的热水解条件，按此条件将剩余污泥以 300L/批投入加热搅拌罐中进行热水解试验，搅拌速率为 88r/min；到达设定时间后将水解污泥经过重力浓缩池分离后得到上清液及浓缩液，一部分上清液作为碳源投加至第二缺氧池前端，另一部分则补充进水中的 COD（约 150mg/L），如果进水 COD 仍达不到设计值，另加甲醇补足。每天对进出水水质进行检测，待测指标有 COD、TN、TP、SS 和 NH₃-N，并且每隔一定时间测定反应池中的溶解氧（DO）、pH 值及温度。

4.1.4　主要指标测定方法

将水解后的部分污泥混合液保留，用于分析 pH 值、TCOD、粒径大小及分布和 Zeta 电位，其余经 4500r/min 离心并经过 0.45μm 滤膜过滤后保存，用于分析 SCOD、DOC、溶解性 TN、溶解性 TP、NH₃-N、溶解性蛋白质、糖类、DNA 及 EPS 含量。

DNA 的测定采用二苯胺法，以小牛胸腺 DNA 作为标准样品。BOD 根据压差法测定，将 BOD 测定仪（OxiTop IS6，WTW，慕尼黑，德国）置于 20℃的恒温培养箱中（LRH-150，一恒，上海，中国），5d 后提取自动记录的数据。生物反应池中的 DO 及温度利用便携式 DO 仪测定（HQ30d，哈希，拉夫兰，美国）。采用真空抽滤法测定热水解污泥的脱水性能，具体测定方法同 3.1.3 部分中的（1），其中 120℃水解条件下的真空抽滤时间为 60min，其余热水解温度条件下均为 15min。

为了减小系统误差，所有测量的结果均为至少 2 次的平均值。图形绘制及 Pearson 相关性分析分别采用 Origin 8.0 及 SPSS 18.0 软件。

4.2
低温热水解对剩余污泥性质的影响

4.2.1　剩余污泥物质释放特性

（1）单因素试验

不同热水解处理条件下剩余污泥的表观图如图 4-4 所示（彩图见书后），由该图

可以看出，水解后的剩余污泥经过一段时间的沉淀均能出现清晰的泥水分界面，但

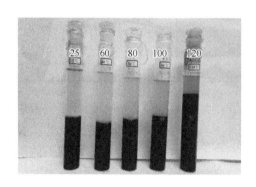

随着水解温度升高，上清液色度逐渐增大，由最初的几乎无色逐渐变为黄褐色，此现象在 120℃条件时最为明显，这可能是由于温度较高时发生了美拉德（Maillard）反应，即溶解性碳水化合物与自身或者其他溶解性蛋白质反应生成糖胺化合物或者类黑精，并且温度越高该反应越充分；同时在水解后的污泥最上层可以由肉眼观察到漂浮着油状物，疑似有脂类物质溶出。

图 4-4　不同热水解温度条件下的污泥表观图

SCOD 主要由蛋白质、碳水化合物和挥发性脂肪酸等组成，另含有少量核酸和长链脂肪酸等。SCOD 及溶解性蛋白质、碳水化合物的含量变化如图 4-5（a）和图 4-5（b）所示，由图可以看出，在 60～120℃

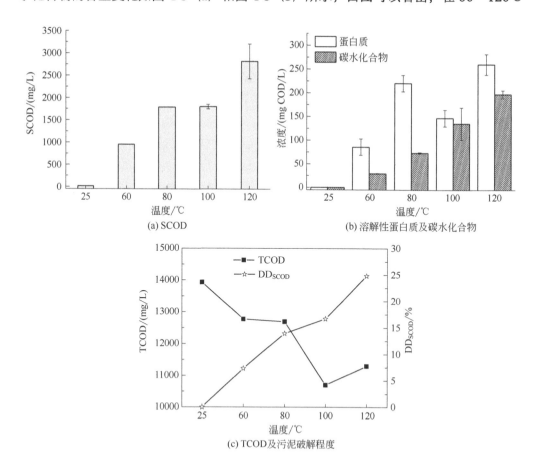

(a) SCOD

(b) 溶解性蛋白质及碳水化合物

(c) TCOD及污泥破解程度

图 4-5　不同热水解条件下污泥的物质释放特性

典型有机固体废物高效处理处置与资源化

的水解温度范围内，污泥中的有机物不断溶出，SCOD 及溶解性碳水化合物均随水解温度的升高而增加，分别从水解前的 15.99mg/L 和 0.18mg/L 增加到 120℃时的 2819.35mg/L 和 196.95mg/L（均以 COD 计），表明热水解可以促进污泥絮体和细胞物质溶解，从而增加溶解性有机物含量，并且这种作用随温度升高而增强。表 4-7 是热水解温度与污泥理化特性的 Pearson 相关性分析，由表可以看出，SCOD 及碳水化合物与热水解温度均在 $P=0.01$ 水平具有显著相关性。Bougrier 等[1]进行了 90～210℃、30min 条件下的热水解试验，也得到 SCOD 含量随处理温度的升高逐渐增长的结果。

表 4-7　热水解温度与污泥理化特性的相关性分析

指标	Pearson 相关系数
SCOD	0.994②
溶解性蛋白质	0.901①
溶解性碳水化合物	0.964②
溶解性 TN	0.952①
溶解性 TP	0.942①
DOC	0.995②
溶解性 DNA	0.905①
BOD5	0.962②
dp90	-0.794

① $P < 0.05$；
② $P < 0.01$。

　　蛋白质含量的变化趋势与糖类不同，初始时近似为 0，随着水解温度升高其含量逐渐增大，但在 100℃条件下略有下降，之后升至 120℃时的最高值 260.08mg/L（以 COD 计）。100℃条件下热水解时蛋白质含量出现下降，可能是由于此时蛋白质水解为多肽、二肽和氨基酸，氨基酸进一步水解成低分子有机酸、氨及 CO_2，蛋白质的水解量超过了溶解量，使测出的蛋白质含量有所下降，而 120℃时污泥絮体及细胞破裂加剧，蛋白质的溶解量再次超过水解量，测得的含量增大到最大值，此时这些蛋白质有少量来自絮体破碎，大部分来自细胞破裂。李倩倩等[2]的研究结果表明，在 121℃、30min 的热水解条件下蛋白质含量也出现了下降，而糖的热稳定性较高，因此糖类的含量随处理温度的提高而持续增加。彭永臻等[3]对剩余污泥进行 50～90℃、10～80min 的热水解试验，结果表明，80～90℃时溶解性蛋白质的含量低于 70℃时所测的含量，也是由于 80℃时发生了蛋白质水解；杜元元等[4]进行了 80～180℃、10～60min 的热水解试验，结果也表明，100～140℃时溶解性蛋白质含量出现下降，之后又再次增长，原因与前述分析一致。可见许多研究者均发现蛋白质溶出量并不是随水解温度的升高持续增加，而是会经历一个下降段后再增长，

第 4 章　低温热水解处理剩余活性污泥及碳源回收利用

同时也发现不同的研究结果所得到的蛋白质含量下降的温度及加热时间不同，这可能与污泥来源、性质及水解条件不同等因素有关。

由图 4-5（c）可以看出，热水解后污泥的 TCOD 随水解温度的提高不断下降，由最初的 13932mg/L 逐渐降至 100℃时的 10699mg/L。分析其可能的原因主要有两个方面，一是剩余污泥在热水解过程中有部分挥发性有机物由于挥发进入气相；二是少量有机碳水解转化成 CO_2 进入气相。其中 120℃的水解试验采用具塞比色管在高压蒸汽灭菌锅内进行，相比在烧杯中加盖表面皿进行水解导致的有机物挥发损失较小，因此该工况下 TCOD 含量略有回升。污泥破解程度计算公式为 DD_{SCOD}（%）＝ $(SCOD-SCOD_0)/TCOD$，由图可以看出，污泥破解率随水解温度的提高逐渐增加至 120℃时的 24.81%，破解程度不断增大。

通常每 6.25g 蛋白质含 1gN，蛋白质不断溶解会导致溶解性氮的含量增加。由图 4-6 可以看出，TN、TP 含量也随水解温度的提高不断增大，分别由水解前的 5.02mg/L 和 0.36mg/L 增加到 120℃时的 107.61mg/L 和 18.95mg/L，表明水解过程还会造成固相中的 N、P 物质溶解释放进入液相。氨氮的浓度较水解前均有不同程度的增加，表明在热水解过程中一方面发生了污泥絮体和细胞物质的溶解，导致有机物含量不断增加，同时其中的少量蛋白质也在不断水解，即发生了化学反应，使得氨氮浓度有所增加。由此可以证实污泥热水解过程包含固体物质的溶解及有机物水解 2 个过程；有研究者对水解污泥的有机物分子量进行分析，结果也表明污泥热水解过程主要包括固体物质的溶解液化和有机物水解 2 个过程，其中固体物质溶解液化成为大分子量有机物是污泥热水解的主要反应过程。同时，可以观察到氨氮浓度没有随水解温度的提高呈现出有规律性的变化，而是由初始的 3.2mg/L 急剧增加到 60℃时的 35.5mg/L，在 80℃及 100℃时由于挥发作用使氨氮浓度分别降至 12.7mg/L 和 7mg/L，120℃时的样品是在具塞比色管中进行试验，密封性较好，氨氮挥发量有所减小，其含量回升至 12mg/L。

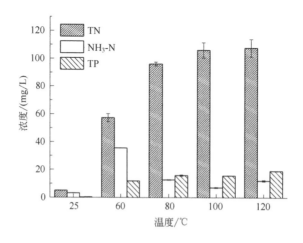

图 4-6　热水解温度对溶解性 TN、TP 和 NH_3-N 的影响

此外，许多研究者的试验结果均表明，蛋白质等大分子有机物经过热水解可以生成挥发性脂肪酸（乙酸、丙酸、丁酸和戊酸），其中最适于作为反硝化利用的乙酸含量大幅增加，这部分溶解性小分子有机物更利于微生物吸收利用，作为补充碳源可以加快生物脱氮除磷的过程。

本次试验中 SCOD/TN 在水解后依次为 16.7（60℃）、18.6（80℃）、17.0（100℃）和 26.2（120℃）；SCOD/TP 在水解后依次为 80.3（60℃）、113.3（80℃）、115.7（100℃）和 148.8（120℃），均远高于生物脱氮除磷的理论碳氮比和碳磷比（COD/TN＞6，COD/TP＞35），由此可以推测将这部分水解液作为外加碳源时其自身携带的营养物质对生物反应系统的影响比较小。

结合图 4-5 和图 4-6 可以看出，在 60℃、60min 的热水解条件下便发生了微生物絮体离散和解体及部分细胞破裂，从而使得附着于细胞膜上及细胞内部的有机物质如碳水化合物、蛋白质和脂质等从固态溶解进入液态，而后在 80℃、60min 的水解条件下 SCOD、蛋白质及 TN 含量均再次出现跳跃式增长，由此推测可能是在 60～80℃时发生了污泥细胞破裂和胞内有机物释放。董滨等[5]的研究结果显示，100℃时才会发生溶解性有机物含量的急剧增加，出现该现象的温度较本次试验要高，其原因可能是待水解污泥性质不同及其水解时间仅为 20min。通过测定水解污泥上清液中的 DNA 含量，可以确定污泥细胞结构开始破解的临界条件，测定结果如图 4-7 所示，由该图可以看出，处理前污泥上清液中的 DNA 含量几乎为 0，表明破裂的细胞很少，而经过 60℃、60min 预处理后污泥上清液中的 DNA 质量浓度显著提高到 166.6mg/L，表明在本次试验中，60℃、60min 的热水解条件就可以使大量污泥细胞破裂，林立文等[6]认为 50～70℃时会发生 DNA 破坏，DNA 开始由细胞内部流出，与本次试验的结果吻合；而 80℃和 100℃条件下 DNA 含量略有下降，120℃时达到最大值 249.4mg/L，表明 120℃的水解条件对污泥的破解程度达到最大，这与之前对 SCOD、碳水化合物、TN 含量及 DD_{SCOD} 的分析一致。

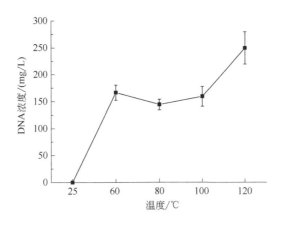

图 4-7 热水解温度对水解污泥上清液中 DNA 含量的影响

80℃和 100℃时测得的 DNA 含量轻微下降可能与检测方法有关，即当样品中含有蛋白质和糖类时会与显色剂二苯胺反应生成有色物质，从而对测定结果产生干扰，但该测定方法由于操作简便、检测仪器及试剂便宜而被广泛使用至今。董滨等[5]对 70～120℃、20min 热水解后的污泥开展了相关的研究，结果显示 DNA 含量在 100℃时发生了突跃，这可能与其水解时间较短有关，从而导致污泥细胞结构破裂的温度滞后，由此也可以看出，低温热水解时水解时间对于污泥破解有重要影响。

由图 4-8 可以看出，初始污泥的溶解性 EPS 中存在许多基团，其中特征明显的强频段指示着多糖基团（3424cm⁻¹ 附近，O—H 伸缩振动；1095cm⁻¹ 附近，C—O—C 伸缩振动）和蛋白质基团（1645cm⁻¹ 附近，C=O 伸缩振动，酰胺 Ⅰ；1385cm⁻¹ 附近，C=N 伸缩振动，酰胺 Ⅲ），指纹区的吸收峰（＜1000cm⁻¹）表明可能存在核酸组成基团之一的磷酸盐。热水解后的污泥上清液在波数为 2935cm⁻¹ 处均出现了新的吸收峰，此处可能是由 CH_2 不对称伸缩振动引起的，表明热水解使得脂类物质从固相溶解释放进入液相，与水解后的污泥表观特性吻合；并且不同热水解条件下该吸收峰峰强没有明显变化，表明其含量没有明显变化。同时可以观察到，位于 1095cm⁻¹ 附近的吸收峰在水解后均发生了红移，表明 EPS 的主要成分之一多糖在热水解处理后发生了变化。此外，在1645cm⁻¹ 附近指示酰胺 Ⅰ 基团的吸收峰峰强在热水解后均明显增大，表明热水解使细胞物质破裂，释放出更多的蛋白质，这与图 4-5（b）的研究结果一致。

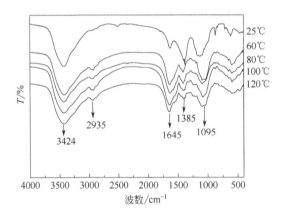

图 4-8　不同热水解条件下污泥上清液的红外光谱图

污泥水解上清液的 UV 光谱图如图 4-9 所示，由图可以看到，水解前污泥上清液没有明显的吸收带，表明污泥上清液中的溶解性有机物含量很少；而热水解后的样品均在 240～300nm 出现了新吸收带。核酸和蛋白质的吸收峰分别位于 260nm 和 280nm，UV 光谱虽不能完全确定物质的分子结构，但是结合之前对于 DNA 及蛋白质的分析，可以认为这个新出现的吸收带是由核酸和蛋白质从污泥固相转移到液相所致，同样表明热水解可以破解污泥絮体及细胞结构，并且这种破解效果在 60℃、

60min 时已经表现出来，这与图 4-5（b）对蛋白质含量及图 4-7 对 DNA 含量的分析吻合。

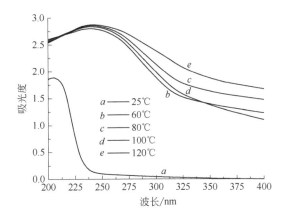

图 4-9　不同热水解条件下污泥上清液的 UV 光谱图

水解污泥上清液在好氧条件下的可生化降解特性可由 BOD_5/COD 表征。图 4-10 是水解污泥上清液的 BOD 随时间变化的曲线图，由图可以看出，不同条件下污泥上清液的 BOD 值均随时间延长而逐渐增大。图 4-11 是 BOD_5/COD 值随水解温度的变化趋势，其中该批次的污泥样品经热水解后测定的 SCOD 值依次为 95.6mg/L（25℃）、1514.3mg/L（60℃）、2284.84mg/L（80℃）、2675.68mg/L（100℃）和 3422.48mg/L（120℃）。由图 4-11 可以看出，热水解后污泥上清液的可生化性较初始值均有提高，呈现出先增大后减小的趋势，其中最高值出现在 80℃，该水解条件下的 BOD_5/COD 值达到 0.62，其他条件下为 0.5 左右，表明 60～120℃、60min 的热水解条件下污泥溶解释放出的有机物可以提高其上清液的可生化性，宜作为后续生物反硝化过程所需的优质碳源加以利用。李倩倩等[2]利用三维荧光光谱技术结合积分区域法对 65℃、

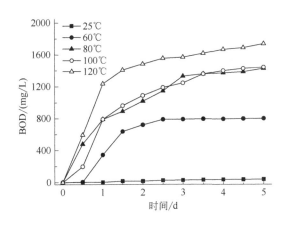

图 4-10　温度对热水解污泥上清液中 BOD 含量的影响

80℃、100℃和 121℃、30min 的热水解污泥上清液进行分析，结果也表明在 80℃的热水解条件下，水解上清液中的可生物降解物质所占比例最高，难降解物质含量最少，更有利于后续污泥资源化利用。

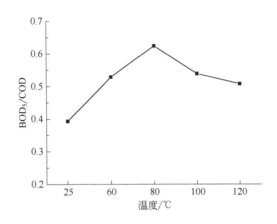

图 4-11   温度对热水解污泥上清液可生化性能的影响

（2）正交试验

表 4-8 所列是污泥热水解正交试验结果。

表 4-8   污泥热水解正交试验结果

试验序号	参数				结果（指标）				
	时间/min	温度/℃	投碱量/(g NaOH/g TS)	污泥含水率/%	SCOD/(mg/L)	TN/(mg/L)	TP/(mg/L)	NH₃-N/(mg/L)	SCOD/TN值
1	30	60	0	99	40	4.96	0.74	0.85	8.1
2	30	80	0.01	98	1440	119.36	6.37	4.46	12.1
3	30	100	0.02	97	4057	300.45	34.55	9.35	13.5
4	30	120	0.03	96	7997	525.80	83.7	10.00	15.2
5	60	60	0.01	97	700	56.91	5.75	4.51	12.3
6	60	80	0	96	3390	260.72	5.95	13.58	13.0
7	60	100	0.03	99	1725	148.20	31.95	4.00	11.6
8	60	120	0.02	98	2392	111.06	39.46	8.06	21.5
9	90	60	0.02	96	3210	256.34	29.02	15.03	12.5
10	90	80	0.03	97	4270	302.42	39.98	22.97	14.1
11	90	100	0	98	1088	50.65	8.77	1.92	21.5
12	90	120	0.01	99	706	40.44	8.67	2.35	17.4
13	120	60	0.03	98	2350	169.13	23.38	9.15	13.9
14	120	80	0.02	99	900	105.19	5.12	5.41	8.6
15	120	100	0.01	96	4635	313.25	28.5	23.85	14.8

试验序号	参数				结果（指标）				
	时间/min	温度/℃	投碱量/（g NaOH/g TS）	污泥含水率/%	SCOD/（mg/L）	TN/（mg/L）	TP/（mg/L）	NH₃-N/（mg/L）	SCOD/TN值
16	120	120	0	97	2156	162.90	14.3	13.20	13.2
Y_1	12.2	11.7	13.9	11.4					
Y_2	14.6	12.0	14.2	17.2					
Y_3	16.4	15.3	14.0	13.3					
Y_4	12.6	16.8	13.7	13.9					
极差	4.2	5.1	0.5	5.8					
影响顺序	3	2	4	1					

热水解可以破坏污泥絮体和细胞结构，导致细胞壁（膜）上的脂类溶解，进而在细胞膜上产生许多孔洞，使得胞内、胞外物质溶解释放到液相，从而导致污泥上清液中的有机物、氮和磷等营养物质明显增加。由表 4-8 可知，与原始污泥相比较，各个热水解预处理条件均导致污泥上清液中的 SCOD、TN、TP 和 NH₃-N 含量变化，同时发现热水解所释放的 TN 以有机氮为主，氨氮次之，硝态氮含量极少，可忽略不计。

SCOD/TN 值直接影响反硝化过程中自养和异养微生物的竞争生长，是反硝化过程的重要影响因素，因此将 SCOD/TN 值作为确定最佳热水解条件的主要评价指标。由正交试验的结果可以看出，各因素对 SCOD/TN 值的影响顺序由大到小依次为：污泥含水率＞温度＞时间＞投碱量，且最佳热水解工况的组合条件为：污泥含水率为 98%，加热时间为 90min，温度为 120℃，投碱量为 0.01gNaOH/gTS。但是，由 4.2.1 部分的单因素热水解试验可知，80℃时水解上清液的 BOD₅/COD 值最高（0.62）；120℃时热水解污泥的 TTF₅₀ 值远大于 80℃和 100℃热水解时污泥的相应值，水解污泥的脱水性能显著恶化，且在该条件下水解会产生强烈的难闻气味，对周边环境及操作人员的影响较大；80℃时的热水解能耗大大低于 120℃时的热水解能耗；因此综合以上几种因素将最适宜的热水解温度确定为 80℃。此外，由于热水解时是否投碱对水解上清液 SCOD/TN 值的影响是最小的（如表 4-8 所列），且投加碱会加剧设备的腐蚀，故不投碱可作为热水解的适宜条件之一。因此，综合 4.2.1 部分的单因素试验结果、本部分的正交试验结果及能耗对环境的影响等诸多因素，确定采取相对温和的水解条件（80℃，90min，污泥含水率 98%，不投碱）作为后续中试的最适宜热水解条件。

4.2.2　剩余污泥脱水性能的变化规律及机理分析

经热水解处理后的污泥需要进行泥水分离从而得到上清液作为反硝化碳源，因此有必要对水解污泥的脱水性能及相关机理进行详细的研究，以利于该工艺推广应用。

图 4-12 是不同热水解条件下剩余污泥的脱水性能曲线，由该图可以看出，热水

解后污泥脱水速率随水解温度的升高逐渐恶化，120℃的水解条件下恶化程度尤为严重，TTF_{50}由初始时的 28s 增加到 120℃时的 257s，表明热水解导致污泥难于过滤，泥水分离所需时间延长。由泥饼含水率表征的脱水程度在热水解后也有恶化趋势，初始污泥经过 15min 真空抽滤后的泥饼含水率为 70.67%；而 120℃后的水解污泥经过 60min 真空抽滤后的泥饼含水率仍然增加至 72.25%。因此，在本试验中，热水解后的污泥不论是脱水程度还是脱水速率均有不同程度下降，其中 120℃时脱水性能下降最为明显。

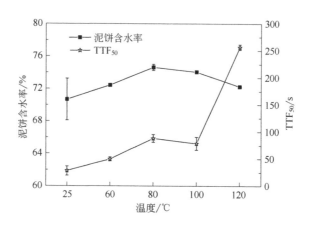

图 4-12　热水解温度对污泥脱水性能的影响

由于一些功能基团（如蛋白质中的羧基和氨基）的离子化作用，剩余活性污泥通常带负电荷，而 pH 值是影响表面电荷的一个关键因素。许多研究者对剩余活性污泥和厌氧消化污泥的脱水性能进行了相关研究，研究结果均证实酸化处理有利于降低污泥的 Zeta 电位绝对值，改善脱水性能。因此，本试验对水解前后污泥的 pH 值及 Zeta 电位进行了测定，如图 4-13 及图 4-14 所示，结果显示热水解处理对剩

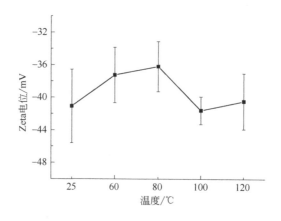

图 4-13　热水解温度对污泥 Zeta 电位的影响

余污泥混合液的 pH 值影响甚微，相应地，表面电荷变化也很小。由此推测热水解后污泥脱水性能与其表面电荷的相关性不大。

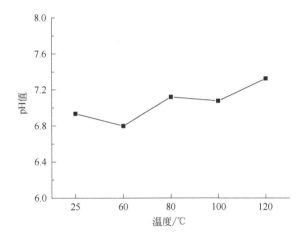

图 4-14　热水解温度对剩余污泥 pH 值的影响

　　图 4-15 是水解前后污泥的粒径大小及分布情况，表 4-9 是水解前后污泥的粒径中值及比表面积大小。由图 4-15 及表 4-9 的结果可知，本次试验条件下污泥粒径随水解温度的升高仅有轻微下降，且水解对大颗粒的破坏作用较对小颗粒明显；相应地，比表面积随水解温度的升高有轻微增加，结合 3.4.2 部分中对厌氧消化污泥及剩余活性污泥粒径大小及分布的对比分析可知，本节研究中粒径变化不大可能与水解时间较短有关，虽然有部分细胞内含物释放进入液相，但污泥絮体及细胞结构并没有完全破解；由表 4-7 也可以看出，dp_{90} 与热水解温度之间没有显著相关性。

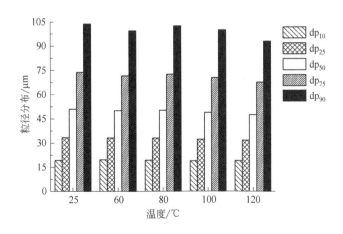

图 4-15　不同热水解条件对污泥颗粒粒径分布的影响

表 4-9　热水解温度对污泥粒径中值及比表面积的影响

指标	25℃	60℃	80℃	100℃	120℃
粒径中值/μm	50.89	49.99	50.15	48.78	47.48
比表面积/（cm²/mL）	2203	2205	2275	2366	2367

利用 DOC 指示污泥中溶解性 EPS 的含量，水解后溶解性 EPS 的含量如图 4-16 所示，由图可以看出，污泥溶解性 EPS 的含量随水解温度的提高逐渐增加，由最初的 15.14mg/L 急剧增大至 60℃时的 314.73mg/L，最终达到 120℃时的 724.83mg/L，最大增幅达到 47 倍。由于高度亲水性的 EPS 大量溶出，导致污泥破解所释放的自由水再次被 EPS 裹挟成为结合水，增加了污泥表观黏度，导致脱水性能恶化，这种现象在 120℃时尤其明显。

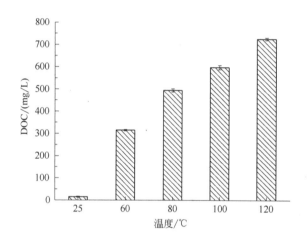

图 4-16　热水解温度对溶解性胞外聚合物含量的影响

结合以上分析可知，引起污泥脱水性能变差的主要原因可能是 EPS 含量增加。Houghton 等[7]对厌氧消化污泥的研究表明，当污泥的 EPS 含量增加到足够高的浓度时，可以对脱水性能产生直接影响，而不再与粒径大小相关，这一观点也正好与本试验结果吻合。此外，由图 4-8 可以看出，热水解使污泥固相中的脂质溶解释放到液相中，增大了污泥黏度，从而导致脱水性能变差。

综合以上对热水解小试的试验结果分析可知，60~120℃、60min 的热水解条件可以显著破解污泥絮体及细胞结构，释放大量易降解有机物进入液相，并且破解作用随温度升高而增强；但是水解后污泥的脱水性能在 100℃以下时出现轻微恶化，而在 120℃时出现显著恶化。因此，当以回收优质生物反硝化碳源为主要目的而进行热水解时，建议采取 80~100℃为预处理条件，可以获得可生化性能良好、C/N 值较高的热水解液并且污泥脱水性能无明显下降。

4.3
污泥低温热水解上清液用作两级 A/O 工艺外加碳源

4.3.1 反应器启动阶段运行效果

在 4.2.1 部分中确定的最适宜热水解工况条件（温度 80℃，时间 90min，污泥含水率 98%，不投碱）下开展中试规模的热水解试验，经过重力浓缩后得到水解污泥上清液及浓缩液，其性质如表 4-10 所列，表观图如图 4-17 所示（彩图见书后）。由表 4-10 可知，水解污泥上清液的 C/N 值约为 16，上清液呈现黄褐色；而浓缩液呈现黑褐色，含有部分不溶及难溶化合物，以 1/20 的比例投加到进水中，经 2～3d 的试验发现该碳源会对生物反应池的色度及出水 COD 及 SS 带来严重影响，故将水解浓缩液弃去，只保留水解上清液作为外加碳源。

表 4-10   中试条件下热水解污泥的性质

项目	COD/（mg/L）	TN/（mg/L）	TP/（mg/L）	NH$_3$-N/（mg/L）	pH 值
上清液	1900	120	7.57	46.78	5.5
混合液	7500	380	36.57	—	5.5

中试规模的生物反应池的接种污泥来自湖北省荆州市公安县某工业园区污水处理厂，培养驯化阶段使曝气池的 MLSS 维持在 4500～5000mg/L，水温为 18～22℃，进水、出水流量均设定为 100L/h，污泥回流比为 100%，硝化液回流比为 200%，名义水力停留时间（HRT）为 23.76h（表 4-5），实际 HRT 为 8.75h（表 4-6）。由于中试进水与取接种污泥的污水厂进水水质相同，从而大大缩短了污泥驯化时间。污泥接种 3d 后，每天对进出水水质进行一次监测，结果如图 4-18 所示。启动阶段分为 2 个周期，第一周期为第 1～4 天，其进水主要为表 4-4 所列的原水混合液，第二周期为第 5～50 天，进水主要为表 4-4 所列的原水及水解污泥上清液组成的混合液，另外投加生石灰 30mg/L 用于调节进水的 pH 值至 8～9，补充生物反硝化过程所需碱度。

图 4-17   热水解污泥上清液及
浓缩液表观图像

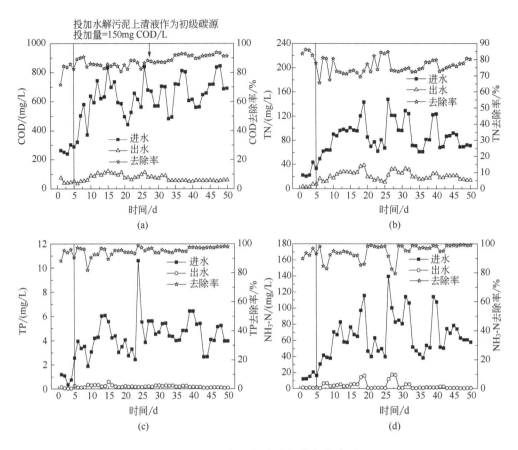

图 4-18　反应器启动阶段进出水水质

　　第一周期进水 COD 为 240～300mg/L，TN 为 20～40mg/L，TP 为 1mg/L，进水碳源充足，COD、TN、TP 和 NH_3-N 的去除效果良好，基本均能达到一级 B 排放标准。第二周期逐步提高进水 TN、NH_3-N 和 TP 含量，并且以热水解污泥上清液作为初级碳源（补充 COD 约为 150mg/L），添加至进水中以提高进水 COD 含量，保证进水的 COD/TN＞6，此阶段共运行 46d，COD、TN、TP 和 NH_3-N 的去除率分别稳定在 87.58%、76.33%、95.10% 和 94.79%，曝气池中活性污泥呈现黄褐色，沉降性能良好［见图 4-19（彩图见书后）］，SVI 为 100～125，表明反应器启动完成。启动阶段的试验结果表明，水解污泥上清液作为初级碳源的脱氮效果良好，自身带入的氮和磷对出水水质无明显影响，可以作为正式运行阶段的补充碳源使用，但是由于水解污泥上清液色度较高（见图 4-17），因此，曝气池活性污泥上清液及出水色度较高（见图 4-19），这可能是导致第二周期出水 COD 偏高（60～100mg/L）的原因之一，因此正式运行阶段将适当提高曝气池出水口的絮凝剂投加量，以降低色度及出水 COD 含量。

　　生物反应池沿程的 DO 值变化情况如图 4-20 所示。A1 池利用倾斜的机械搅拌浆搅动水流以维持泥水混合，同时充当水流推进器，将 DO 值维持在 0.5mg/L 以下，

典型有机固体废物高效处理处置与资源化

保证反硝化过程正常进行。O1 池采用鼓风渐减曝气方式，DO 值维持在 3.5～0.5mg/L。A2 池采用机械搅拌，DO 值维持在 0.5mg/L 以下。生物反应池末端即 O2 池出口处 DO 保持在 3.5mg/L 左右，以提升二沉池中的 DO 值，避免二沉池中的聚磷菌因厌氧环境将 P 再次释放。

图 4-19　生物反应池中活性污泥及出水表观图

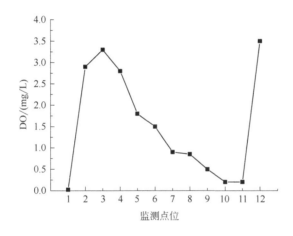

图 4-20　一个反应周期内溶解氧含量的变化情况

1—A1 池；2—O1 池第一廊道前端；3—O1 池第一廊道中端；4—O1 池第一廊道末端；5—O1 池第二廊道前端；6—O1 池第二廊道中端；7—O1 池第二廊道末端；8—O1 池第三廊道前端；9—O1 池第三廊道中端；10—O1 池第三廊道末端；11—A2 池；12—O2 池

4.3.2　中试连续运行效果

（1）工况汇总

不同设计工况下的运行汇总结果如表 4-11 所列。表 4-12 是两级 A/O 工艺脱氮达标（GB 18918—2002 中的一级 B 标准）的运行参数建议值。

表 4-11 中试结果汇总表

工况	编号	COD均值			TN均值			NH₃-N均值			MLSS均值/(mg/L)	温度均值/℃	R_i/%	二级COD/(mg/L)
		进水/(mg/L)	出水/(mg/L)	去除率/%	进水/(mg/L)	出水/(mg/L)	去除率/%	进水/(mg/L)	出水/(mg/L)	去除率/%				
一	1~4	524.98	56.86	89.11	70.01	18.97	72.92	50.45	1.59	96.88	5350	21.5	200	0
	5~12	597.18	44.20	92.59	73.64	18.58	74.71	53.43	0.32	99.41	4950	29.1	150	0
二	1~5	576.79	46.73	91.90	100.05	21.26	78.72	78.31	0.79	98.99	5640	25.2	250	0
	6~17	752.53	57.39	92.36	98.84	17.64	82.07	74.06	1.73	97.62	5400	25.7		0
	18~23	636.29	54.58	91.42	104.76	19.32	81.51	85.77	0.96	98.86	5533	25.2		20
	24~31	608.81	56.55	90.71	103.68	19.59	81.08	82.37	0.97	98.73	5588	27.6		30
三	1~6	649.82	55.68	91.43	114.34	22.08	80.66	85.83	1.47	98.30	5533	27.3	300	0
	7~16	602.28	55.24	90.82	120.46	19.04	84.18	88.13	2.27	97.49	6120	27.3		45
四	1~6	675.62	55.16	91.70	143.07	23.04	83.90	91.34	2.24	97.58	5867	24.5	300	0
	7~16	609.90	57.48	90.57	142.20	19.62	86.20	93.60	1.03	98.88	5870	26.5		80

典型有机固体废物高效处理处置与资源化

表 4-12 两级 A/O 工艺脱氮达标运行参数建议值

工况	进水 COD/(mg/L)	进水 TN/(mg/L)	MLSS/(mg/L)	R/%	R_i/%	A2 池外加碳源/(mg COD/L)	PAC 投加量/(mg/L)
一	600	70	5000	100	150/200	—	50
二	750	100	5500		250	—	
	600					30	
三	600	120	6000		300	45	
四	600	140	6000		300	80	60

注：进水或 O1 池外加碱量均为 30mg CaO/L，DO 值的建议值同图 4-20。

（2）工况一

工况一每次取样测定的进出水水质变化情况如图 4-21 所示，阶段汇总情况见表 4-11。由试验结果可知，在设计进水水质条件下，MLSS 维持在 5000mg/L 左右，当 R_i 为 200% 时（即 1～4 点，每天各取进出水 2 次进行测定，平均水温为 21.5℃），出水各项指标均可达到 GB 18918—2002 中的一级 B 排放标准，其中出水 TN 平均值为 18.97mg/L，出水 NH₃-N 平均值为 1.59mg/L。为了降低计量泵的运行能耗，

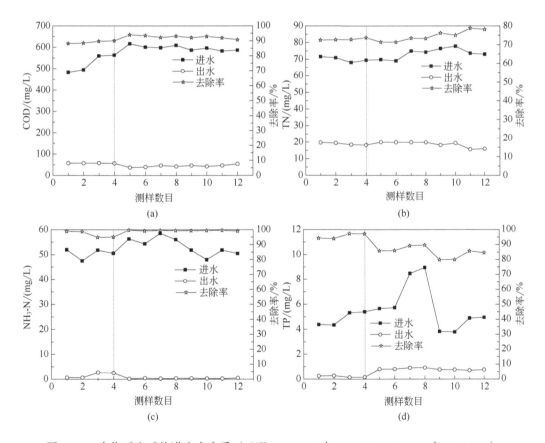

图 4-21 生物反应系统进出水水质（工况一：1～4 点 R_i=200%，5～12 点 R_i=150%）

尝试将 R_i 降低到 150%，按照设计工况稳定运行 4d（即 5～12 点，平均水温为 29.1℃），出水各指标依然均可以达到预设的排放标准，其中出水 TN 平均值为 18.58mg/L。由此结果可知，在工况一设计运行条件下，二级脱氮池无需添加二级碳源，并且水解污泥上清液可以作为碳源补充进水 COD 值，其自身带入的 N、P 等物质对出水无明显影响。

（3）工况二

在工况二的设计条件下，逐步提高 MLSS 至 5500mg/L 左右，第一阶段（图 4-22，1～5 点）的进水 COD 均值为 576.79mg/L，出水 COD、SS、TP 和 NH₃-N 均可达到 GB 18918—2002 一级 B 排放标准，但出水 TN 在 20.9～22.1mg/L 之间波动，达不到一级 B 排放标准。在第二阶段（即 6～17 点），将平均进水 COD 提高至 750mg/L 左右，其余运行条件均不变时，出水 TN 均值可降低至 17mg/L 左右，出水 COD 及 NH₃-N 较第一阶段略有升高，但仍然符合一级 B 排放标准。

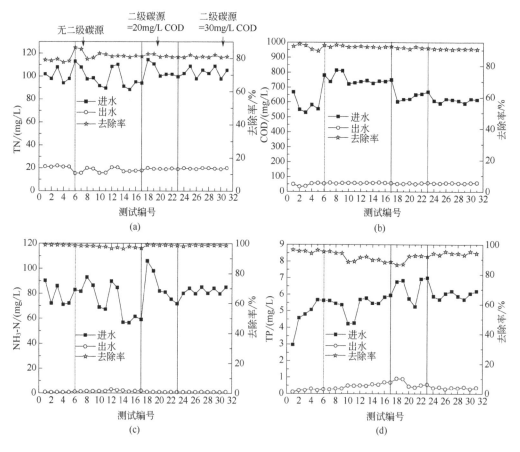

图 4-22　生物反应系统进出水水质（工况二）

第三阶段（即 18～23 点），进水 COD 均值为 640mg/L 左右时，在二级缺氧池入口处加入水解污泥上清液，补充二级 COD 为 20mg/L，此时出水 TN 降低至 19mg/L 左右，可以达到排放标准，其余指标没有受到在二级缺氧池投加污泥水解液的影响，均符合排放标准。第四阶段（即 24～31 点），进水 COD 均值降为 600mg/L 左右，在第二级缺氧池入口处补充 COD 为 30mg/L 左右，出水指标均可达到排放标准，出水 TN 为 19.59mg/L 左右。由表 4-10 可知，作为二级碳源时，水解上清液的 SCOD/TN 及 SCOD/NH₃-N 分别为 16 及 41，由工况二的第三、四阶段的试验结果表明，由于该系统还有第二级 A/O 流程，由水解液中带入第二级 A/O 池的 N 负荷对出水的影响甚微，可以忽略不计。Kampas 等[8]认为，理论上反硝化所需碳氮比（TCOD：TKN）为 8～14，当破解污泥上清液的实际碳氮比远高于该值时，由于污泥破解而增加的额外 N 含量的影响将变得不重要。

（4）工况三

在工况三的设计条件下（图 4-23，1～6 点），此阶段的 MLSS 依然维持在 5500mg/L 左右，进水 COD 均值为 650mg/L 左右，出水 COD、SS、TP 和 NH₃-N 均可达到 GB 18918—2002 一级 B 排放标准，但出水 TN 均值为 22mg/L 左右，达不到一级 B 排放标准。在第二阶段（即 7～16 点），平均进水 COD 维持在 600mg/L 左右，利用水解污泥上清液补充二级 COD 为 45mg/L，其余运行条件均不变时，出水 TN 均值可降低至 19mg/L 左右，出水各指标均符合排放标准。

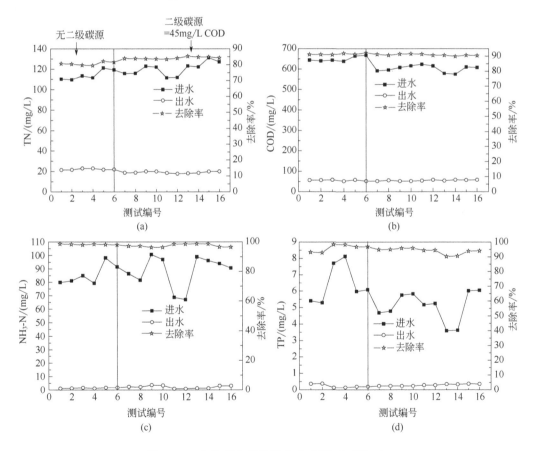

图 4-23　生物反应系统进出水水质（工况三）

（5）工况四

在工况四的设计条件下，将 MLSS 提高至 6000mg/L 左右，第一阶段（图 4-24，1～6 点）的进水 COD 均值为 675mg/L 左右，出水 COD、SS、TP 和 NH₃-N 均可达到 GB 18918—2002 一级 B 排放标准，但出水 TN 为 23mg/L 左右，达不到一级 B 排放标准。在第二阶段（即 7～16 点），平均进水 COD 维持在 600mg/L 左右，利用水解污泥上清液补充二级 COD 为 80mg/L，其余运行条件均不变时，出水 TN 均值可降低至 19.62mg/L 左右，TN 去除率稳定在 86% 左右，出水符合排放标准。工况四条件下，由于污泥浓度由工况一时的 5000mg/L 提高至 6000mg/L 左右，PAC 投加量相应由 50mg/L 增大至 60mg/L 左右，以保证出水达标排放。

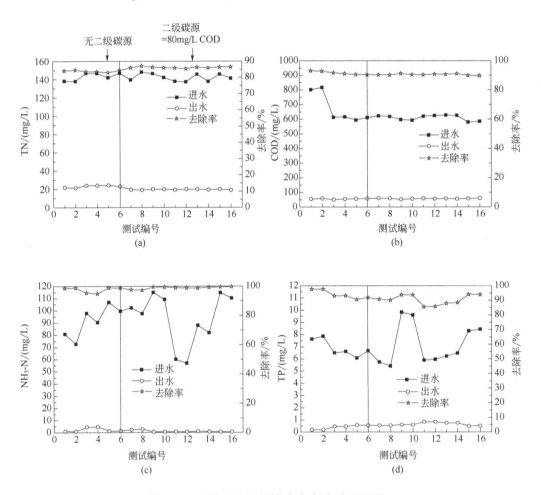

图 4-24　生物反应系统进出水水质（工况四）

由中试的结果发现，各工况下的出水 COD 值在 44～60mg/L 之间，勉强可以达到一级 B 排放标准，分析其中的原因：一方面可能是由于原水中混有约 1/10 体积的造纸厂废水，该类废水的一大特点是难生物降解物质多且色度大、悬浮物浓度高；另一方面可能是由于水解液中带入的少量难降解有机物。Tong 等[9]利用污泥发酵液作为生物脱氮除磷系统的碳源时也发现了类似出水 COD 增高的问题，分析可能是由发酵液中的腐殖酸所致。

4.4
两级 A/O 工艺氮平衡模型构建

4.4.1 氮平衡模型构建

两级 A/O 工艺中氮的迁移转化途径如图 4-25 所示。

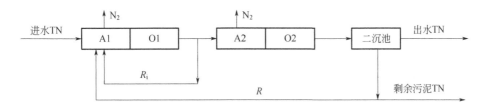

图 4-25　两级 A/O 工艺氮物料平衡示意图

据此可以建立氮的物料平衡方程（以 N 的含量计），见式（4-1）：

进水 TN(N_i)=出水 TN(N_e)+一级 A/O 池脱除总氮(N_1)+
二级 A/O 池脱除总氮(N_2)+剩余活性污泥排出 TN(N_3)　　　　(4-1)

为简化模型，做出如下几点假设[10,11]：

① 进水 TN 在一级好氧区经过充分氧化后几乎全部转化为 NO_3^--N，一级好氧池出水及二沉池出水的 NH_4^+-N 含量在正常情况下均小于 1mg/L，可以取值为 1mg/L。

② 生物反应池中的 f（MLVSS/MLSS）取值为 0.5。

③ 二沉池出水 SS 一般为 10～20mg/L，通过出水 SS 去除的有机氮（N_{org}）最小值可按照 10×0.5×0.12=0.6（mg/L）计。

④ 出水排放标准按照《城镇污水处理厂污染物排放标准》（GB 18918—2002）中的一级 B 标准执行，要求出水 TN 不高于 20mg/L。

⑤ 设计进水 COD 为 600mg/L，设计进水 TN≥70mg/L，故 θ_c 取 25d。

⑥ 在原水碳源充足的条件下，假定一级 A/O 池对 NO_3^--N 的去除率达 90%，二级 A/O 池对 NO_3^--N 的去除率近似为 0；若在第二级缺氧池投加外碳源，则二级 A/O 池对 NO_3^--N 的去除率可以根据投加碳源的量进行核算，一级 A/O 池对 NO_3^--N 的去除率仍然取 90%。

⑦ 通过剩余活性污泥排出的 TN 主要指污泥中的有机氮 N_{org}，忽略 NH_4^+-N 和 NO_3^--N。

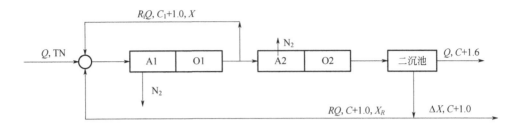

图 4-26　两级 A/O 工艺脱氮各单元参数示意图

假定生物池体积为 V（m³），设计处理水量为 Q（m³/d），生物反应池中污泥浓度为 X（mg/L），回流污泥浓度为 X_R（mg/L），污泥龄为 θ_c（d），进水总氮的浓度为 TN_i（mg/L），出水 NO_3^--N 的浓度为 C（mg/L），一级 A/O 反应池的出水 NO_3^--N 浓度为 C_1（mg/L），污泥回流比为 R（%），硝化液回流比为 R_i（%），r_1（%）、r_2（%）分别为一级 A/O 反应池、二级 A/O 反应池的 NO_3^--N 去除率，出水 NO_2^--N 含量忽略不计，剩余污泥排放量为 ΔX（m³/d），如图 4-26 所示，则可以列出以下方程，见式（4-2）～式（4-5）：

$$N_i = Q \times TN_i \tag{4-2}$$

$$N_e = Q \times (C+1.6) \tag{4-3}$$

$$N_1 = (RC + R_i C_1) \times Q \times r_1 \tag{4-4}$$

$$N_2 = (1+R) \times Q \times C_1 \times r_2 \tag{4-5}$$

剩余活性污泥产量及其中微生物的产量 ΔX_V（m³/d）分别为：

$$\Delta X = VX/\theta_c \tag{4-6}$$

$$\Delta X_V = 0.5 VX/\theta_c \tag{4-7}$$

生物反应池的理论水力停留时间（t）为 23.76h（0.99d），$V=Qt$，则通过剩余活性污泥排出的 N_{org} 含量为：

$$N_{3-1} = 0.12\Delta X_V = 0.059 QX/\theta_c \tag{4-8}$$

由排出的剩余活性污泥带出的无机氮 N_{3-2}（NO_3^--N 和 NH_4^+-N）含量为：

$$N_{3-2} = \Delta X(1.0+C) \tag{4-9}$$

由于 $\Delta X \ll Q$，故 $N_{3-2} \ll N_{3-1}$，N_{3-2} 忽略不计，故：

$$N_3 = N_{3-1} + N_{3-2} \approx N_{3-1} \tag{4-10}$$

则将式（4-2）～式（4-5）、式（4-8）和式（4-10）带入式（4-1）可得：

典型有机固体废物高效处理处置与资源化

$$TN_i=(C+1.6)+(RC+R_iC_1)\times r_1+(1+R)\times C_1\times r_2+0.059X/\theta_c \qquad (4\text{-}11)$$

当进水 COD 控制为 600mg/L 左右，进水 TN 为 70mg/L 和 100mg/L 时，此时假定 C/N 满足系统硝化反硝化的要求，无需向二级缺氧池另投加碳源，则 $r_2=0$，$C=C_1$。令 $R=1$，$\theta_c=25$d，一级 A/O 池对 NO_3^--N 的去除率取 90%，则 $C=20-1.6=18.4$(mg/L)，考虑系统运行安全等因素将 C 取为 18mg/L。根据式（4-11），可计算在不同进水 TN 和不同 X 且出水 TN 为 20mg/L 时所对应的 R_i 值，如表 4-13 所列。

表 4-13　二级缺氧池不投加碳源时使出水 TN 达标排放的内回流比 R 值

进水 TN/(mg/L)	θ_c/d	X/（mg/L)				
		5000	5500	6000	6500	7000
70	25	1.38	1.31	1.24	1.16	1.09
100	25	3.23	3.16	3.09	3.02	2.94

由表 4-13 可知，当进水 TN 为 70mg/L 时，$R_i \leqslant 150\%$ 即可使出水达标；当进水 TN 提高到 100mg/L 时，即使 R_i 达到 300%，若 MLSS 低于 7000mg/L，出水 TN 也难以达标。说明此时仅仅利用一级缺氧池已不能完全满足系统的脱氮要求，需要启用二级缺氧池脱氮，则需向二级缺氧池中投加碳源才能使出水达标。

鉴于 $C=(1-r_2)C_1$，令 $R=1$、$\theta_c=25$d，一级缺氧池中 NO_3^--N 的去除率为 90%，首先假定不同的 R_i，根据式（4-11）可计算得到不同进水 TN 和不同 X 且出水 TN 为 20mg/L 时所对应的二级缺氧池的反硝化去除率 r_2 值（见表 4-14）。

表 4-14　二级缺氧池投加碳源时不同 R_i 条件下的 r_2 值

进水 TN/（mg/L)	R_i	X/（mg/L)				
		5000	5500	6000	6500	7000
100	2	0.23	0.22	0.21	0.19	0.18
	2.5	0.13	0.12	0.11	0.10	0.09
	3	0.04	0.03	0.02	0.00	-0.01
120	2	0.37	0.36	0.35	0.35	0.34
	2.5	0.29	0.29	0.28	0.27	0.26
	3	0.22	0.21	0.20	0.19	0.18
140	2	0.47	0.46	0.46	0.45	0.45
	2.5	0.40	0.40	0.39	0.39	0.38
	3	0.34	0.34	0.33	0.32	0.32

由于甲醇较廉价、易获取，是污水处理厂普遍采用的外加碳源。当用甲醇作为电子供体时，活性污泥脱氮系统中投加的甲醇含量 C_m 可按下式计算[12]：

$$C_m=2.47\,C_{NO_3^--N}+1.53\,C_{NO_2^--N}+0.87\,C_{DO} \qquad (4-12)$$

先假定上式中 $C_{NO_3^--N}$ 为二级 A/O 池需要去除的 NO_3^--N 的含量（mg/L），$C_{NO_2^--N}$ 和 C_{DO} 分别为二级 A/O 池需要去除的 NO_2^--N 含量（mg/L）和二级缺氧池进水中的溶解氧浓度，则二级缺氧池投加的甲醇含量 C_m 为：

$$C_m=2.47\,C_1\times r_2+1.53\,C_{NO_2^--N}+0.87\,C_{DO} \qquad (4-13)$$

若以进水流量计，甲醇投加量为 C_{mi}，则其计算式为：

$$C_{mi}=(1+R)\times C_m \qquad (4-14)$$

由中试运行参数可知，$C_{NO_2^--N}\approx0$，$C_{DO}=1mg/L$。

由式（4-13）和式（4-14）可得：

$$C_{mi}=(1+R)[2.47C\times r_2/(1-r_2)+0.87] \qquad (4-15)$$

在假定混合液回流比 R_i 的情况下，可计算得到不同进水 TN 和不同 X，且出水 TN 为 20mg/L 时所对应的二级缺氧池的甲醇投加量 C_{mi}，如表 4-15 所列。

表4-15　为使出水 TN 达标需向二级缺氧池投加的甲醇含量 C_{mi}　　单位：mg/L

进水 TN/（mg/L）	R_i	X/（mg/L）				
		5000	5500	6000	6500	7000
100	2	28	26	25	23	22
	2.5	16	14	13	11	10
	3	6	4	3	2	1（取 0）
120	2	54	52	51	49	48
	2.5	39	37	36	35	33
	3	27	26	24	23	22
140	2	80	78	77	75	74
	2.5	62	61	59	58	57
	3	48	47	45	44	43

表 4-13～表 4-15 可用于指导两级 A/O 工艺的运行。

4.4.2　氮平衡模型验证

（1）工况一验证

按照第一阶段的运行条件进行分析，该阶段不投加二级碳源，此时 $r_2=0$，$C_1=C$，$R_i=200\%$，$X=5350mg/L$，$\theta_c=25d$，将这些参数代入式（4-11）中，得到理论出水 TN 含量为 16.68mg/L，实测的平均出水 TN 含量为 18.97mg/L（见表 4-11），略高于理论值，二者误差为 13.73%，这是由此阶段的实际进水 COD 值（524.98mg/L）较模型的设计值（600mg/L）偏低所致。

按照第二阶段的运行条件进行分析，此时 $r_2=0$，$C_1=C$，$R_i=150\%$，$X=4950$mg/L，$\theta_c=25$d，进水 COD=597.18mg/L，将有关参数代入式（4-11）中，得到理论出水 TN 值为 20.17mg/L，实测的平均出水 TN 为 18.58mg/L（见表 4-11），二者误差为 7.89%，由此可见，在该工况第二阶段条件下的模型预测结果基本可靠。

（2）工况二验证

按照第一阶段的运行条件，此时的 COD=576.79mg/L，$r_2=0$，$C_1=C$，$R_i=250\%$，$X=5640$mg/L，$\theta_c=25$d，代入式（4-11）中，计算得到的理论出水 TN 值为 22.12mg/L，而此时的实际出水 TN 均值为 21.26mg/L（见表 4-11），二者误差仅为 3.89%，因此，在该工况第一阶段条件下的模型预测结果基本可靠。

按照第二阶段的运行条件，此时的 $r_2=0$，$C_1=C$，$R_i=250\%$，$X=5400$mg/L，$\theta_c=25$d，代入式（4-11）中，计算得到的理论出水 TN 值为 21.96mg/L，而此时的实际出水 TN 均值为 17.64mg/L（见表 4-11），二者误差较大的原因是实际进水 COD 约为 750mg/L，远高于模型中设定的 600mg/L，从而导致实际的出水 TN 值低于理论值。

理论上 BOD_5/BOD_u 值为 0.69，甲醇的 COD 当量为 1.5gCOD/g，甲醇所表征的 COD 为 BOD_u，因此对甲醇而言，$BOD_5/COD=0.69$，则甲醇的 BOD_5 当量为 1.5×0.69=1.035（$gBOD_5$/g 甲醇）。按照 4.2.1 部分中 BOD_5/COD 的测试结果可知，80℃条件下的热水解污泥上清液中有 62% 的有机物为易生物降解有机物（BOD_5），依据以上两点结论可以将实际投加的 C 源量换算为甲醇含量。

按照第三阶段的条件，此时 $R_i=250\%$，$X=5533$mg/L，$\theta_c=25$d，二级 C 源投加量为 20×0.62/1.035=11.98（mg 甲醇/L），将以上数据代入式（4-15）及式（4-11），可得理论出水 TN 为 21.19mg/L，而实测的出水 TN 均值为 19.32mg/L（表 4-11），二者的误差为 8.82%，该工况下模型预测结果基本可靠有效。

按照第四阶段的条件，此时 $R_i=250\%$，$X=5588$mg/L，$\theta_c=25$d，二级 C 源投加量为 30×0.62/1.035=17.97（mg 甲醇/L），将以上数据代入式（4-15）及式（4-11），可得理论出水 TN 为 19.65mg/L，而实测的出水 TN 均值为 19.59mg/L（表 4-11），二者的误差仅为 0.31%，可见该工况下模型预测结果可靠有效。

（3）工况三验证

按照第一阶段的运行条件，此时的 $r_2=0$，$C_1=C$，$R_i=300\%$，$X=5533$mg/L，$\theta_c=25$d，代入式（4-11）中，计算得到的理论出水 TN 值为 23.27mg/L，而此时的实际出水 TN 均值为 22.08mg/L（见表 4-11），二者误差为 5.11%，因此，在该工况第一阶段条件下的模型预测结果基本可靠。

按照第二阶段的条件，此时 $R_i=300\%$，$X=6120$mg/L，$\theta_c=25$d，二级 C 源投加量为 45×0.62/1.035=27（mg 甲醇/L），将以上数据代入式（4-15）及式（4-11），可得理论出水 TN 值为 19.08mg/L，而实测的出水 TN 均值为 19.04mg/L（表 4-11），

二者的误差仅为 0.21%，该工况下模型预测结果可靠有效。

（4）工况四验证

按照第一阶段的运行条件，此时的 $r_2=0$，$C_1=C$，$R_i=300\%$，$X=5867$mg/L，$\theta_c=25$d，代入式（4-11）中，计算得到的理论出水 TN 值为 29.34mg/L，而此时的实际出水 TN 均值为 23.04mg/L（见表 4-11），二者误差为 21.47%，实际出水 TN 低于预测出水 TN 值的原因是实际的进水 COD 为 675.62mg/L，远高于模型中设定的 600mg/L，因此提高了 TN 的去除率。

按照第二阶段的条件，此时 $R_i=300\%$，$X=5870$mg/L，$\theta_c=25$d，二级 C 源投加量为 80×0.62/1.035=47.9（mg 甲醇/L），将以上数据代入式（4-15）及式（4-11），可得理论出水 TN 为 19.61mg/L，而实测的出水 TN 均值为 19.62mg/L（表 4-11），二者的误差仅为 0.05%，该工况下模型预测结果可靠有效。

（5）验证结果汇总

模型验证的汇总结果如表 4-16 所列。

表 4-16 两级 A/O 工艺氮平衡模型验证汇总表

序号	工况	阶段	二级 C 源投加量/ （mg 甲醇/L）	出水 TN/（mg/L）		
				理论值	实际值	误差/%
①	一	一	0	16.68	18.97	-13.73
②		二	0	20.17	18.58	7.89
③	二	一	0	22.12	21.26	3.89
④		二	0	21.96	17.64	19.67
⑤		三	11.98	21.19	19.32	8.82
⑥		四	17.97	19.65	19.59	0.31
⑦	三	一	0	23.27	22.08	5.11
⑧		二	27.00	19.08	19.04	0.21
⑨	四	一	0	29.34	23.04	21.47
⑩		二	47.90	19.61	19.62	-0.05

由表 4-16 可知，当实际运行时的进水 COD 值约为 600mg/L，即在②、③、⑤、⑥、⑦、⑧和⑩的条件下，出水 TN 的理论值与实际值之间的误差均在 ±10% 以内，此时氮平衡模型均具有较高的模拟精度。在①、④和⑨的条件下，实际的进水 COD 值均与氮平衡模型的 COD 设计值（600mg/L）有较大误差，由此导致出水 TN 的理论值与实际值之间的误差较大。由此可见，当实际运行时的进水 COD 稳定在 600mg/L 左右时，污泥龄取 25d 较为精准，此时该模型可用于优化两级 A/O 工艺的运行；若进水 COD 值与 600mg/L 偏差较大时，需要重新调整模型中的污泥龄值，

才能使实际运行情况与模型较好的契合。

参考文献

[1] Bougrier C, Delgenès J P, Carrère H. Effects of thermal treatments on five different waste activated sludge samples solubilisation, physical properties and anaerobic digestion [J]. Chemical Engineering Journal, 2008, 139 (2): 236-244.

[2] 李倩倩, 郭亮, 赵阳国, 等. 热处理温度对污泥水解效果的影响及其三维荧光光谱特征 [J]. 中国海洋大学学报, 2016, 46 (9): 102-106.

[3] 彭永臻, 郭思宇, 李夕耀, 等. 低温热处理对剩余污泥有机物溶出及脱水性能改变的影响 [J]. 北京工业大学学报, 2017, 43 (3): 473-480.

[4] 杜元元, 汪徇, 王姗. 热水解温度和时间对污泥中物质的释放的影响 [J]. 水处理技术, 2017, 43 (8): 73-76.

[5] 董滨, 刘晓光, 戴翎翎, 等. 低温短时热水解对剩余污泥厌氧消化的影响 [J]. 同济大学学报 (自然科学版), 2013, 41 (5): 716-721.

[6] 林立文, 常亮. 国内外污泥预处理技术及研究现状 [J]. 水利水电快报, 2009, 30 (7): 13-14.

[7] Houghton J I, Stephenson T. Effect of influent organic content on digested sludge extracellular polymer content and dewaterability [J]. Water Research, 2002, 36 (14): 3620-3628.

[8] Kampas P, Parsons S A, Pearce P, et al. Mechanical sludge disintegration for the production of carbon source for biological nutrient removal [J]. Water Research, 2007, 41 (8): 1734-1742.

[9] Tong J, Chen Y G. Recovery of nitrogen and phosphorus from alkaline fermentation liquid of waste activated sludge and application of the fermentation liquid to promote biological municipal wastewater treatment [J]. Water Research, 2009, 43 (12): 2969-2976.

[10] 姜应和, 刘佩炬, 王磊, 等. 基于氮平衡原理对南方污水处理厂中试脱氮工艺调控策略研究 [J]. 环境科学, 2014, 35 (4): 1372-1376.

[11] Wu Y Q, Song K, Jiang Y H, et al. Effect of thermal hydrolysis sludge supernatant as carbon source for biological denitrification with pilot-scale two-stage anoxic/oxic process and nitrogen balance model establishment [J]. Biochemical Engineering Journal, 2018, 139: 132-138.

[12] 全国勘察设计注册工程师公用设备专业管理委员会秘书处. 排水工程 [M]. 北京: 中国建筑工业出版社, 2022.

第5章

冷冻及自由亚硝酸预处理对污泥厌氧发酵的影响

▲ 试验材料与方法

▲ 冷冻及自由亚硝酸预处理的效果

▲ 启示及待解决的问题

活性污泥法是国内外污水处理厂普遍采用的一类污水处理工艺，经过多年的发展和革新，该工艺可以高效去除进水中的有机物和营养物质（N 和 P），并显著降低悬浮颗粒物（SS）和病原菌数量，具有运行稳定、处理效果好等优点。但是，随着各地水环境质量标准的提升，污水处理程度不断提高，由此导致的剩余活性污泥（WAS）产量急剧增大，这已经成为亟待解决的环境问题。以中国为例，2020 年干污泥的年产量将达到 1400 万吨。减量是对剩余污泥进行后续处理处置的前提条件；其次，剩余污泥中含有大量有机物和病原菌，需要降低有机物和病原菌数量以减少其对环境造成的二次危害；同时，剩余污泥中由于含有大量有机物及植物性营养物质（N 和 P），可以将其作为资源进行回收利用。

厌氧发酵工艺由于可以同时实现污泥减量、病原菌灭活和资源回收，因此近年来得到国内外学者的广泛关注，并取得了丰富的研究成果。值得注意的是，厌氧发酵通常存在几个问题，首先，由于污泥胞外聚合物的存在，导致污泥溶解及水解时间长，VFAs（又叫 SCFAs）产量较低且污泥停留时间较长；其次，经过一些预处理后发酵污泥的脱水性能变差，这对于从发酵混合产物中回收 VFAs 极为不利；再次，一些预处理技术费用高、能耗大甚至可能给环境带来二次污染。因此，需要探索新方法以进一步提高厌氧发酵产酸效果，同时兼顾发酵污泥固液分离性能和对环境的影响效果。

自由亚硝酸（FNA 或者 HNO_2）在 mg/L 剂量条件下可以作为强杀菌剂，它能够破坏污泥絮体和细胞结构并将有机物释放到液相，为产酸菌提供可利用基质；FNA 可以通过厌氧发酵液的部分反硝化工艺在污水处理厂实现原位回收，无需额外购买试剂，因此，FNA 预处理是一种绿色环保且高效的污泥预处理技术。有研究者将 FNA 和碱解、FNA 和表面活性剂联合预处理应用于污泥厌氧发酵工艺，并取得了较好的产酸效果。然而，投加碱或表面活性剂无疑会增加污水处理厂的运行费用，且有可能给环境带来二次污染，而在自然环境条件允许的地区，冷冻法被认为是一种绿色、低能耗的污泥破解方法。Sun 等[1]的研究结果表明，冷冻与 NO_2^--N 结合可以提高 FNA 浓度，且对污泥破解有显著的协同作用。本研究首次提出利用 FNA 和冷冻联合法对剩余污泥进行预处理，然后进行发酵产酸试验，探究产酸效果及相关作用机制，为剩余污泥原位处理提供新思路。

5.1
试验材料与方法

5.1.1　剩余污泥理化特性

剩余活性污泥取自武汉市某市政污水处理厂二沉池污泥回流泵房，取回后的污泥经沉降浓缩并置于 4℃冰箱内待用，其基本理化指标为：pH 值 6.91±0.01，总蛋白质 (3763.32±9.44) mg/L，总碳水化合物 (1119.6±15) mg/L，TSS (18145±25) mg/L，VSS (8125±85) mg/L，TCOD (11000±15) mg/L，SCOD (75.4±5.7) mg/L。

5.1.2　污泥预处理及序批式厌氧发酵试验方法

污泥预处理在 7 个完全相同的有效容积为 550mL 的聚乙烯瓶内进行，每个瓶内投加 450mL 剩余污泥。已有的研究表明，-5℃是促进污泥溶解的最佳冷冻温度[1,2]，因此，本试验采用-5℃对污泥进行预处理。笔者课题组前期研究结果表明，持续冷冻对发酵产酸的效果优于间歇冷冻[3]，因此本试验拟采用 48h 持续冷冻对污泥进行预处理，具体预处理条件见表 5-1，其中 1 号为控制组，2 号为单独冷冻组，3 号为单独 FNA 组，4~7 号为 FNA 和冷冻联合组，冷冻持续 48h，FNA 的计算公式如式 (5-1)。持续 48h 预处理后，将各样品在常温下解冻 4h，然后各取 350mL 预处理后的污泥投加到有效容积为 500mL 的盐水瓶内。每个盐水瓶内充入 10L 高纯 N_2 以创造厌氧条件，然后密封置于恒温气浴摇床[180r/min，(35±1)℃]内进行 14d 序批式厌氧发酵试验，反应装置如图 5-1 所示。该试验无种泥发酵过程，因此剩余污泥同时作为发酵底物和基质。为了减小试验误差，每个工况做 2 次平行。

$$FNA = \frac{C_{NO_2^- - N}}{K_a \times 10^{pH}} \qquad [5\text{-}1\ (a)]$$

$$K_a = e^{[-2300/(T+273)]} \qquad [5\text{-}1\ (b)]$$

式中　$C_{NO_2^- - N}$——NO_2^--N 浓度，mg/L；

T——厌氧反应器内温度，℃。

表 5-1　剩余活性污泥的预处理条件

编号	温度/℃	初始 pH 值	冷冻时间/h	FNA/ (mg N/L)	NO_2^--N/ (mg/L)	备注
1	4	6.9①	0	0	0.04①	控制组
2	-5	6.0	48	0	0.04①	试验组
3	4	6.0	0	1.07	265	
4	-5	6.0	48	0.53	100	
5	-5	6.0	48	1.07	200	
6	-5	6.0	48	1.59	300	
7	-5	6.0	48	2.13	400	

① 背景值。

典型有机固体废物高效处理处置与资源化

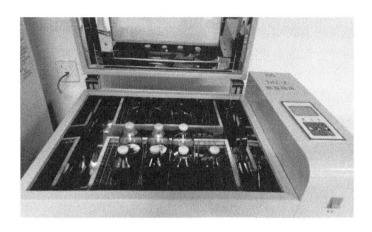

图 5-1　厌氧发酵反应器示意

　　为了评价预处理对剩余污泥的溶解效果，取一定量预处理后的剩余污泥，测定污泥粒径、SCOD、溶解性蛋白质、溶解性碳水化合物和 DNA 含量。发酵期间不调控 pH 值，定期监测系统内的 pH 值、ORP、NO_2^--N、VFAs 和 CH_4 产量。采用模型基质考察预处理对污泥水解及产酸过程的影响效果，具体方法见文献[4]。发酵结束后测定发酵污泥的脱水性能，研究在不投加絮凝剂的条件下发酵污泥脱水速率及脱水程度的变化情况。

5.2
冷冻及自由亚硝酸预处理的效果

5.2.1　污泥破解和溶解效果

　　经过 48h 预处理及 4h 常温解冻后的污泥样品如图 5-2 所示（彩插见书后）。由该图可见，经过预处理后的污泥样品均有清晰的泥水界面，且上清液浊度随着 FNA 剂量的增加而加大，表明 FNA 对污泥絮体的破解作用逐渐增强；而经过冷冻处理后，污泥粒径明显增大，沉降性能显著优于未冷冻处理的样品，表明冷冻是促进污泥脱水性能提高的有效方法。

　　预处理结束后，各样品的 SCOD、溶解性蛋白质、碳水化合物和 DNA 含量如图 5-3 所示。由该图可知，相比控制组，预处理后污泥的 SCOD、溶解性蛋白质和碳水化合物含量均有显著提高，且冷冻和 FNA 联合预处理对污泥溶解有协同作用。DNA 测试结果表明，单独冷冻可以破坏细胞结构，DNA 含量从初始时的 8.5mg/L 增加到 37.0mg/L，其余试验组由于 NO_2^--N 的干扰无法获得 DNA 含量值，但从其他有机物的释放情况可以判定，单独 FNA 及 FNA-冷冻联合预处理均可以有效破坏细胞结构，释放胞外及胞内有机物，从而为发酵产酸菌提供大量可利用基质。

图 5-2　不同预处理工况下的污泥表观图

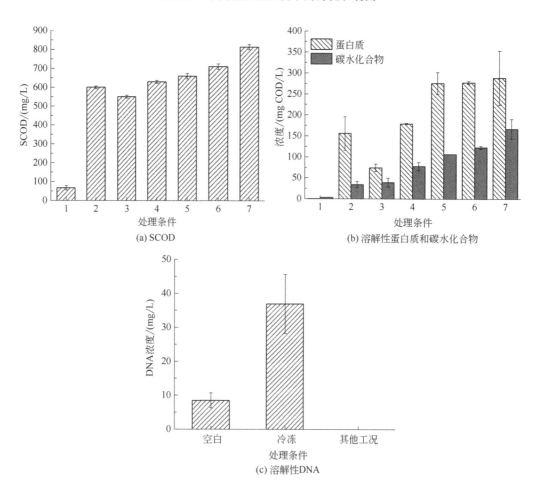

图 5-3　48h 预处理后 SCOD、溶解性蛋白质、溶解性碳水化合物和溶解性 DNA 的含量
（其他工况包含 3～7 号工况，这些工况条件下检测不到溶解性 DNA）

典型有机固体废物高效处理处置与资源化

预处理后,污泥粒径大小会影响发酵产酸效果及发酵污泥脱水性能。如图 5-4 所示,单独冷冻及冷冻联合 FNA 预处理可以显著增大污泥粒径,降低比表面积;而单独 FNA 预处理会增加小粒径颗粒的数量,增大粒径比表面积。例如,经过 1.07mgFNA/L 预处理后,污泥的 dp_{90} 和 dp_{50} 由控制组的 102.0μm 和 48.5μm 降低至 99.9μm 和 46.6μm,而比表面积由控制组的 120.4m²/kg 增加到 125.0m²/kg。

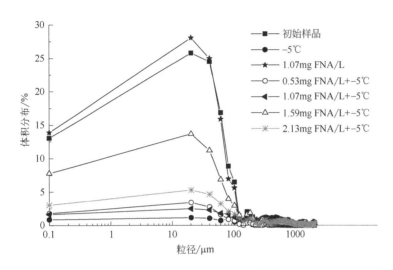

工况	粒径尺寸分布/μm			比表面积/(m²/kg)
	dp_{10}	dp_{50}	dp_{90}	
空白	16.9	48.5	102.0	120.4
−5℃	239	2530	3240	11.09
1.07mg FNA/L	16.4	46.6	99.9	125.0
−5℃+0.53mg FNA/L	89.0	2560	3190	16.16
−5℃+1.07mg FNA/L	100	2300	3150	18.15
−5℃+1.59mg FNA/L	23.6	1820	2880	67.00
−5℃+2.13mg FNA/L	46.6	2100	3140	82.64

图 5-4　48h 预处理后污泥粒径变化情况

5.2.2　污泥厌氧发酵产酸效果

厌氧发酵过程中 SCFAs 的产量及组分分布见图 5-5。由图 5-5（a）可见,空白组的 TSCFAs 含量始终低于 200mgCOD/gVSS,而各预处理条件均可以显著促进发酵产酸量提高。例如,经单独冷冻和单独 FNA（1.07mg/L）预处理后,在发酵第 9 天,TSCFAs 的产量分别达到 241.8mgCOD/gVSS 和 292.3mgCOD/gVSS。FNA 和冷冻联合预处理对发酵产酸有协同作用，例如，经过 2.13mg/LFNA 及冷冻联合预处理后，在发酵第 9 天的 TSCFAs 产量达到 400.4mgCOD/gVSS，分别是单独 FNA 处理组、单独冷冻处理组和控制组的 1.37 倍、1.66 倍和 2.24 倍。

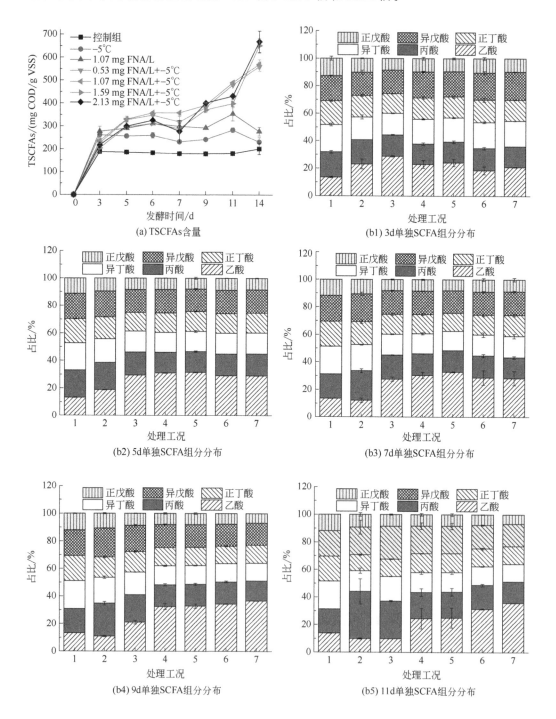

(a) TSCFAs含量

(b1) 3d单独SCFA组分分布

(b2) 5d单独SCFA组分分布

(b3) 7d单独SCFA组分分布

(b4) 9d单独SCFA组分分布

(b5) 11d单独SCFA组分分布

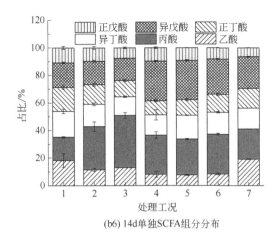

(b6) 14d单独SCFA组分分布

图 5-5 发酵第 9 天的 TSCFAs 含量及单独 SCFA 组分分布情况

市政污水处理厂通常将回收得到的发酵液投入生物反应池进行生物脱氮除磷，此时 SCFAs 的组分分布对处理效果的影响很显著。这是由于乙酸和丙酸分别是生物脱氮和生物除磷的优质碳源，因此回收得到的 SCFAs 中乙酸和丙酸的含量也是重点关注的问题之一。在本次发酵过程中，SCFAs 中 6 种酸的分布情况见图 5-5（b1）～图 5-5（b6），经过 FNA 和冷冻联合预处理后，乙酸和丙酸含量之和在发酵第 9 天达到最高值，约占 TSCFAs 总产量的 50%，随着发酵时间延长，二者占比逐渐降低，尤其是乙酸占比降低很明显，这主要是由乙酸作为产甲烷基质被消耗所致。在发酵第 9 天，经过 1.07mg FNA/L 及冷冻联合预处理后的 TSCFAs 产量为 391.19mg COD/g VSS，继续将 FNA 剂量增加到 2.13mg FNA/L 后，TSCFAs 产量没有显著增加（$P > 0.05$）。因此，为了平衡 TSCFAs 产量及乙酸和丙酸占比、降低 FNA 剂量并增大污泥处理能力，由本次试验结果选定的最佳厌氧发酵条件为 1.07mg FNA/L 和 -5℃联合预处理，且 SRT 为 9d。

为了进一步分析 FNA 和冷冻预处理对污泥厌氧发酵的影响，本研究对发酵过程的中间产物和终产物进行了 COD 质量平衡分析，结果见表 5-2。经过预处理后，各反应器内 VSS 和 CH_4 含量与 TCOD 比值较控制组显著降低，而 TSCFAs、溶解性蛋白质和碳水化合物含量与 TCOD 比值较控制组显著升高，这表明联合预处理可以促进有机物溶解和降解、抑制产甲烷作用，从而利于 SCFAs 积累。

表 5-2 不同预处理条件下发酵第 5 天的 COD 质量平衡分析

工况	不同组分在 TCOD 中的占比/%					
	VSS	CH_4	TSCFAs	蛋白质	碳水化合物	其他
空白	66.28±0.61	5.17±0.12	13.21±0.00	0.36±0.05	0.15±0.07	14.83±0.72
-5℃	58.94±1.65	3.21±1.43	18.28±0.07	1.40±0.16	0.32±0.06	17.84±3.04
1.07mg FNA/L	60.40±088	0.39±0.04	20.68±0.06	2.10±0.23	0.43±0.05	16.00±1.08

工况	不同组分在 TCOD 中的占比/%					
	VSS	CH₄	TSCFAs	蛋白质	碳水化合物	其他
−5℃+0.53mg FNA/L	49.61±5.07	0.19±0.07	23.34±0.14	2.68±0.09	0.41±0.01	23.77±5.18
−5℃+1.07mg FNA/L	48.29±0.50	0.14±0.01	23.52±0.67	2.90±0.08	0.47±0.01	24.69±1.08
−5℃+1.59mg FNA/L	48.55±1.21	0.14±0.02	21.10±0.02	3.07±0.36	0.64±0.06	26.50±0.79
−5℃+2.13mg FNA/L	51.62±0.11	0.01±0.00	21.35±0.05	3.40±0.11	0.73±0.01	22.89±0.7

注: 厌氧发酵系统中 TCOD 值为 (3850±5.25) mg。

在厌氧发酵过程中，NO_2^--N 的变化情况见表 5-3，由该表可知，在发酵第 7 天，由于反硝化作用，各反应器内的 NO_2^--N 含量均降低到 0.05mg N/L 以下，这不会对发酵液的后续利用带来不利影响。

表 5-3　处理过程中的 NO_2^--N 含量变化

工况	处理时间/d			
	0	2	5	7
1.07mg FNA/L	265	232.8±12.7	0.18±0.05	0.03±0
−5℃+0.53mg FNA/L	100	82.68±13	0.07±0	0.04±0
−5℃+1.07mg FNA/L	200	166.7±6.2	0.76±0.05	0.04±0.01
−5℃+1.59mg FNA/L	300	260.1±10.1	1.83±0.2	0.04±0.01
−5℃+2.13mg FNA/L	400	348.3±5.86	61.3±1.2	0.05±0

注: 处理时间包括预处理和发酵; NO_2^--N 含量的单位为 mg N/L。

5.2.3　污泥水解、产酸和产甲烷阶段的效果

为了研究预处理对污泥厌氧发酵过程的影响，分别利用葡聚糖和葡萄糖作为基质模拟发酵过程的水解和产酸阶段，该试验均进行 3d，各基质的降解情况如表 5-4 所列。由试验结果可知，预处理会降低葡聚糖的降解效率，表明预处理会抑制水解反应; 而葡萄糖降解几乎不受预处理影响，表明预处理对产酸过程的影响很小。厌氧发酵过程中，CH_4 的产量如图 5-6 所示，由该图可知联合预处理会严重抑制产甲烷过程，这主要是产甲烷菌对环境的敏感程度高、耐受性低所致。由于产甲烷作用被明显抑制，从而可以促进 SCFAs 积累。

表 5-5 所列是葡聚糖和葡萄糖的比降解速率和 CH_4 的比生产速率。控制组的葡聚糖比降解速率为 23.2mg/ (gVSS·h)，将该值定义为水解微生物的初始活性值，经过单独冷冻、单独 FNA 和 FNA-冷冻联合预处理后，该值分别降低至 20.7mg/ (gVSS·h)、19.8mg/ (gVSS·h) 和 20.4mg/ (gVSS·h)，表明各预处理将水解微生物的活性分别降低了 10.78%、14.66%和 12.07%。经过 3d 发酵试验，各条件下产酸微生物的相对活性

几乎没有差异，而各预处理将产甲烷微生物的活性分别降低了 37.84%、92.47% 和 97.31%。由以上结果可以推测出联合预处理促进污泥厌氧发酵产酸的主要机制，如图 5-7 所示，即预处理可以显著促进污泥溶解，为产酸菌提供大量可生物降解有机物，同时显著抑制乙酸降解生成甲烷的过程，从而实现 SCFAs 大量积累。

表 5-4　预处理对厌氧发酵过程中模型基质的降解效率

项目	时间/d	空白	−5℃	1.07mg FNA/L	−5℃+1.07mg FNA/L
葡聚糖降解/%	1	37.21±0	18.74±5.39	12.78±3.19	6.16±0
	2	79.77±1.88	69.69±0.33	49.79±0	64.82±7.03
	3	92.66±0.04	82.86±1.10	79.14±1.06	81.72±0.45
葡萄糖降解/%	1	83.08±0	76.22±0.59	30.53±2.94	20.14±0
	2	98.00±0	96.80±0	76.90±2.06	96.22±1.96
	3	98.69±0.24	98.93±0.08	98.20±0.18	98.81±0.04

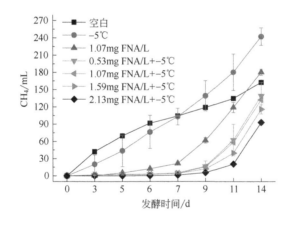

图 5-6　厌氧发酵过程中的 CH_4 产量

表 5-5　厌氧消化过程中葡聚糖和葡萄糖的比降解速率及 CH_4 的比生产速率

基质	工况			
	控制组	−5℃	1.07mg FNA/L	−5℃+1.07mg FNA/L
葡聚糖[1]/[mg/ (GVSS·h)]	23.2±0	20.7±0.03	19.8±0.03	20.4±0.01
葡萄糖[1]/[mg/ (GVSS·h)]	20.6±0	20.6±0	20.5±0	20.6±0
CH_4[2]/[mL/ (GVSS·h)]	0.20±0.01	0.13±0.05	0.02±0.0	0.01±0.0

① 发酵 3d。

② 发酵 5d。

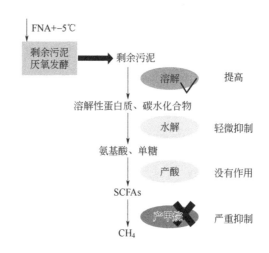

图 5-7　FNA 和冷冻联合预处理促进剩余活性污泥厌氧发酵的机理示意

5.2.4　厌氧发酵体系 pH 值、ORP 和污泥脱水性能变化

在厌氧发酵过程中，系统内 pH 值和 ORP 的变化情况如图 5-8 所示，其中 pH 值由于氨氮积累而逐渐上升，但各系统均基本维持在 6.15~7.72 的水平；ORP 维持在-342.9~-269.4mV 水平，这些指标均有利于厌氧微生物顺利进行发酵产酸。

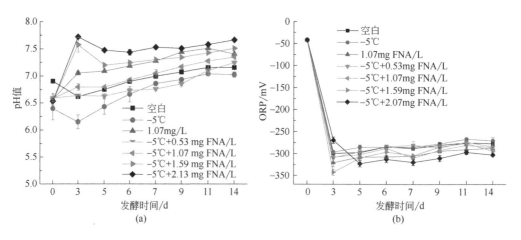

图 5-8　厌氧发酵过程中 pH 值和 ORP 变化［(a) 图中的第 0 天表示 48 h 预处理后的 pH 值］

将发酵产物进行固液分离以回收发酵液是有效利用 SCFAs 的前提条件，因此，发酵污泥的脱水性能是发酵产酸工艺中不能忽视的一个关键问题。有研究者已证实，单独冷冻或 FNA 与冷冻联合预处理均可以提高剩余污泥脱水性能[1]，但预处理后的剩余污泥再经过发酵处理其脱水性能的改变尚无研究报道。本次发酵试验结束后，发酵污泥的脱水性能情况如图 5-9 所示。由图 5-9 可知，经过预处理的发酵污泥其

过滤时间（TTF$_{50}$）相比控制组显著提高，例如，经过 1.07mg FNA/L 及冷冻联合预处理后，发酵污泥的 TTF$_{50}$ 由控制组的 265s 急剧增加到 1225s，表明脱水速率显著恶化。对脱水程度而言，在相同的脱水时间前提下（50min），除单独冷冻预处理组的泥饼含水率低于控制组外，其余预处理后发酵污泥的泥饼含水率均高于控制组。由此可见，冷冻与 FNA 预处理虽然可以显著增大污泥粒径，但经过发酵后这种效果对脱水性能几乎没有有利影响，这些均表明，相比各种预处理，发酵过程对污泥脱水性能的影响更大，这是导致发酵污泥脱水性能变差的主要原因。

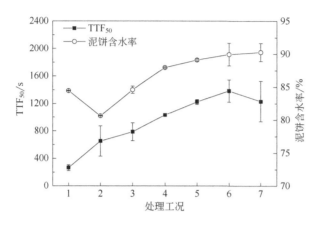

图 5-9　发酵污泥脱水性能变化

5.3
启示及待解决的问题

本试验的研究结果表明，FNA-冷冻联合预处理可以提高剩余污泥厌氧发酵产酸效果，图 5-10 是将该预处理方法与污水处理厂的传统污水污泥处理工艺相结合的示意图。该预处理工艺节能环保，在自然环境满足冷冻条件的地区可以尝试推广。

从本试验的结果来看，仍然存在几个亟待解决的问题：

① 发酵液中通常含有大量 NH_4^+-N 和 PO_4^{3-}-P（本结果未显示），传统的鸟粪石工艺仅能够回收大部分 PO_4^{3-}-P，但仍有大量 NH_4^+-N 存在于发酵液中，此时发酵液的 C/N 是否适宜作为生物脱氮的碳源有待进一步研究；

② 回收发酵液进行资源化利用的一个重要前提条件是发酵污泥具有良好的脱水性能，但从本次试验的结果来看，预处理会在一定程度上加大固液分离难度，在实际运行中势必要加大絮凝剂投加量以达到预期效果，此时含有更大量絮凝剂的发酵液是否具有良好的可生化性能从而利于生物脱氮除磷同样值得关注；

125

③ 在污水处理厂原位回收 NO_2^--N 需要额外增加构筑物及回收工艺流程，这部分费用给污水处理厂带来的负担也需慎重考虑；

④ 欲实现本技术的推广应用，必须首先实现由序批式向半连续式厌氧发酵过渡、由小试向中试过渡。

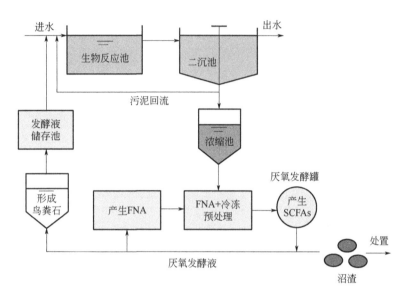

图 5-10　通过 FNA 和冷冻联合预处理促进污水处理厂厌氧发酵工艺流程示意

参考文献

[1] Sun F Q, Xiao K K, Zhu W Y, et al. Enhanced sludge solubilization and dewaterability by synergistic effects of nitrite and freezing [J]. Water Research, 2018, 130: 208-214.

[2] Gao W, Smith D W, Li Y. Natural freezing as a wastewater treatment method: *E. coli* inactivation capacity [J]. Water Research, 2006, 40 (12): 2321-2326.

[3] Wu Y Q, Song K, Sun X Y, et al. Effects of free nitrous acid and freezing co-pretreatment on sludge short-chain fatty acids production and dewaterability [J]. Science of The Total Environment, 2019, 669: 600-607.

[4] Wu Y Q, Song K, Sun X Y, et al. Mechanisms of free nitrous acid and freezing co-pretreatment enhancing short-chain fatty acids production from waste activated sludge anaerobic fermentation [J]. Chemosphere, 2019, 230: 536-543.

第6章

热活化过硫酸钾
预处理对污泥厌
氧发酵的影响

▲试验材料与方法

▲热活化过硫酸钾预处理的效果

▲启示及待解决的问题

各种化学方法被应用于污泥破解和溶解预处理,以提高剩余污泥溶解效率从而促进厌氧发酵产酸。高级氧化工艺（AOPs）由于可以高效破解污泥絮体和细胞结构,且有利于提高污泥脱水性能而受到广泛关注。其中,过硫酸钾（PDS）是一种非选择性强氧化剂,可以通过热、过渡金属、超声或 UV 辐射进行活化,从而产生硫酸盐自由基（$SO_4^-\cdot$）和羟基自由基（$\cdot OH$）等强氧化性自由基,二者的氧化还原电位分别为 2.5～3.1V 和 2.8V;且相比于 $\cdot OH$,$SO_4^-\cdot$ 有更强的 pH 值适应范围、更长的半衰期和更好的稳定性[1],因此,活化 PDS 技术在近些年得到关注。例如,Luo 等[2,3]利用 Fe 活化 PDS 对剩余污泥进行预处理,当 PDS/Fe 的投加量为 1.0/1.25mmol/g TSS 时,TSCFAs 的产量可达到 2313mg COD/L;Wang 等[4]利用超声活化 PDS 对污泥进行预处理后,最大的 TSCFAs 积累量可以达到 1708mg COD/L。

目前,鲜有关于将热活化 PDS 预处理技术应用于污泥厌氧发酵的报道,且发酵系统内植物性营养物质含量、残存 SO_4^{2-} 含量及发酵污泥脱水性能均有待研究。因此,本课题拟采用热活化 PDS 技术对剩余污泥进行预处理,然后进行厌氧发酵试验,探究预处理对发酵产酸效果的影响,并深入分析作用机制。

6.1
试验材料与方法

6.1.1　剩余污泥及过硫酸钾性质

剩余活性污泥基本理化特性为:TSS（20840±424.26）mg/L,VSS（9070±212.13）mg/L,SCOD（121.38±21.64）mg/L,TCOD（15177.6±346.20）mg/L,总蛋白质（6375.94±259.20）mg COD/L,总碳水化合物（1184.87±37.06）mg COD/L,pH 值 6.85±0.02。过硫酸钾（PDS,$K_2S_2O_8$,≥99.5%）采购自优耐德试剂有限公司（中国,上海）。

6.1.2　污泥预处理及序批式厌氧发酵试验方法

污泥预处理在 8 个完全相同的有效容积为 500mL 的盐水瓶内进行。活化温度及 PDS 投加量如表 6-1 所列,每个盐水瓶内投加 370mL 剩余污泥,预处理时间均为 30min。预处理结束后,各取出 30mL 污泥分析其理化特性变化,剩余 340mL 进行序批式无种泥发酵试验,具体操作过程同 5.1.2 部分。

表 6-1　剩余活性污泥预处理条件

工况	PDS 剂量/（mmol/g TSS）	温度/℃	备注
NO. 1	0	35	空白组
NO. 2	0.1	55	测试组
NO. 3	0.3	55	
NO. 4	0.6	55	
NO. 5	0.9	55	
NO. 6	0	55	
NO. 7	0.1	35	
NO. 8	0.3	35	

预处理结束后，分析污泥破解及溶解效果，待测指标包含 SCOD、溶解性蛋白质、溶解性碳水化合物、乳酸脱氢酶（LDH）含量及发酵液 3D-EEM 荧光光谱分析。发酵过程中不调控 pH 值，定期监测 pH 值、ORP、SO_4^{2-} 含量、SCFAs 含量及组分、CH_4 含量。发酵结束后测定 TSS、VSS 含量及发酵污泥脱水性能变化。预处理对发酵过程中水解、产酸和产甲烷不同阶段的影响机制的分析方法见文献[5]。·OH 和 SO_4^-· 是热活化 PDS 过程中产生的 2 种主要自由基，为了确定二者对发酵产酸贡献的作用大小，需要利用自由基清除剂单独进行一项序批式发酵试验，具体试验方法见表 6-2。

表 6-2　为区别 SO_4^-· 和 ·OH 对产酸的贡献情况而采取的不同预处理条件

工况	PDS 剂量/（mmol/g TSS）	温度/℃	投加淬灭剂	备注
NO. 1	0	35	0	空白组
NO. 2	0.3	55	0	测试组
NO. 3	0.3	55	30mmol TBA/g TSS	
NO. 4	0.3	55	30mmol EtOH/g TSS	
NO. 5	0	55	30mmol TBA/g TSS	
NO. 6	0	55	30mmol EtOH/g TSS	

注：TBA 为叔丁醇；EtOH 为乙醇。

3D-EEM 荧光光谱的分析方法见表 6-3。

表 6-3　3D-EEM 荧光光谱中 5 个荧光区域的激发和发射波长范围

区域	Ex/Em/nm	物质	生物可降解性能
I	200～250/<330	络氨酸类	可生物降解
II	200～250/330～380	色氨酸类	不可生物降解
III	200～250/>380	富里酸类	不可生物降解
IV	250～280/<380	溶解性微生物副产物类	可生物降解
V	>280/>380	腐殖酸类	不可生物降解

6.2
热活化过硫酸钾预处理的效果

6.2.1 污泥破解和溶解效果

经过 30min 预处理后，剩余污泥上清液中 SCOD、溶解性蛋白质、溶解性碳水化合物和 LDH 活性如图 6-1 所示。由图可知，以上 4 个指标均随活化温度及 PDS 剂量的提高而增加。例如，空白样品的 SCOD、溶解性蛋白质和溶解性碳水化合物

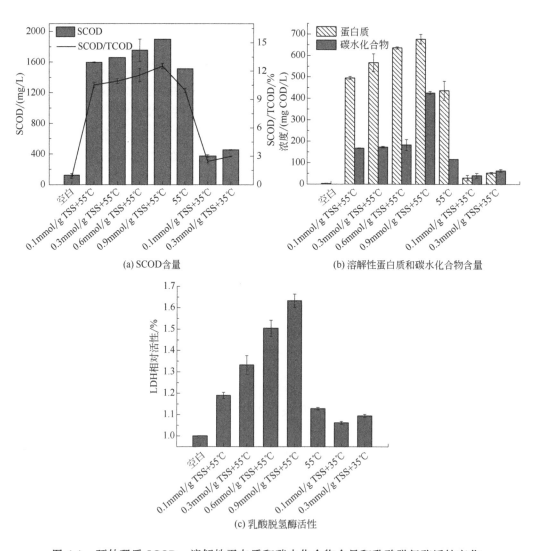

(a) SCOD含量

(b) 溶解性蛋白质和碳水化合物含量

(c) 乳酸脱氢酶活性

图 6-1　预处理后 SCOD、溶解性蛋白质和碳水化合物含量和乳酸脱氢酶活性变化

含量分别为 121.38mg/L、3.13mg COD/L 和 0mg COD/L，经过 55℃+0.9mmol PDS/g TSS 联合预处理后分别增加至 1897.20mg/L、676.88mg COD/L 和 425.38mg COD/L。溶解性有机物的持续增加表明热活化 PDS 可以促进污泥溶解，且该剂量条件没有发生明显的有机物矿化现象。由图 6-1（c）可知，LDH 活性也随活化温度及 PDS 剂量的增加而增加，可以表明预处理对污泥细胞结构产生了破坏作用。

预处理后污泥上清液的 3D-EEM 荧光谱图如图 6-2 所示（彩图见书后），由该图可见，经过 55℃+0.3mmol PDS/g TSS 和单独 55℃预处理后，出现了三个新的吸收峰，依次是吸收峰 a（Ex/Em=200～250nm/280～330nm，络氨酸蛋白类物质）、吸收峰

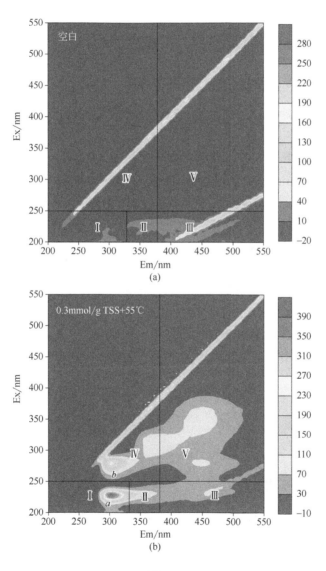

图 6-2

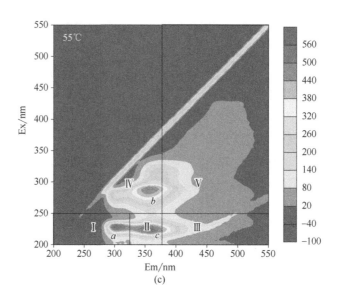

图 6-2 预处理后剩余活性污泥的 3D-EEM 荧光光谱图（所有样品测前均稀释 5 倍）

b（Ex/Em=250～330nm/280～380nm，溶解性微生物的副产物类物质）和吸收峰 c（Ex/Em=200～250nm/330～380nm，色氨酸蛋白类物质）。吸收峰 a 和吸收峰 b 的出现表明预处理促进了部分可生物降解有机物的溶解，这对厌氧产酸菌的生长有促进作用。

6.2.2 污泥厌氧发酵产酸效果

经过 14d 序批式厌氧发酵试验后，各工况条件下污泥表观如图 6-3 所示（彩图见书后）。由该图可知，PDS 初始剂量为 0.6mmol PDS/g TSS 和 0.9mmol PDS/g TSS 的系统无法进行正常的发酵过程，污泥颜色呈现黄褐色，且带有刺鼻性气味，而其余工况条件下的污泥性状正常，可以顺利进行发酵产酸过程。

图 6-3 厌氧发酵 14d 后的污泥表观图

SCFAs 产量及组分分布情况如图 6-4 所示。在发酵第 2 天，TSCFAs 产量急剧增加，而后期 TSCFAs 的产量变化与 PDS 的初始投加量相关。TSCFAs 的最高值为 3183.51mg COD/L，对应的条件为 55℃+0.3mmol PDS/g TSS 预处理后的发酵第 9 天，该值分别是空白组和单独 55℃预处理组的 2.1 倍和 1.3 倍。另外，活化温度对 TSCFAs 含量也有明显影响，经过 35℃+0.3mmol PDS/g TSS 预处理后，TSCFAs 的最高值为 2908.47mg COD/L，该值出现在发酵第 7 天，且该值显著低于 55℃+0.3mmol PDS/g TSS 预处理条件下的最高值（$P<0.05$）。因此，本试验的结果表明促进污泥发酵产酸的最佳处理条件为 55℃+0.3mmol PDS/g TSS 预处理且 SRT 为 9d。

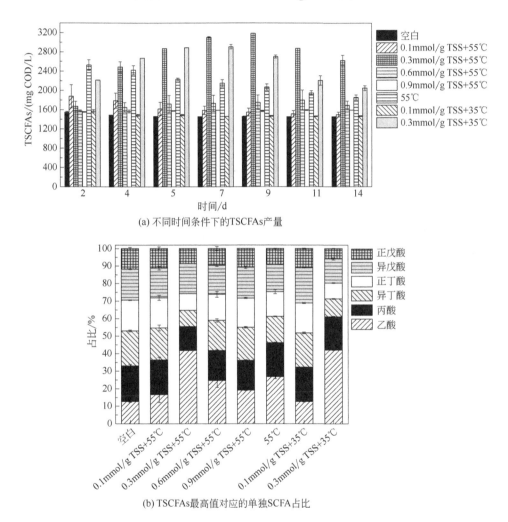

(a) 不同时间条件下的TSCFAs产量

(b) TSCFAs最高值对应的单独SCFA占比

图 6-4　不同时间条件下的 TSCFAs 产量和 TSCFAs 最高值对应的单独 SCFA 占比

（各样品的初始 TSCFAs 含量均近似为 0）

在各工况产酸量最高的条件下，对其 SCFAs 组分进行分析的结果见图 6-4 (b)。由该图可知，经过热+0.3mmol PDS/g TSS 预处理后，发酵液所含 SCFAs 中乙酸和丙酸占比明显高于其他各工况，这有利于发酵液作为优质碳源用于生物脱氮除磷。

6.2.3 污泥水解、产酸和产甲烷阶段的效果

与 5.2.3 部分类似，利用葡聚糖及葡萄糖分别作为水解及产酸的模型基质进行为期 3d 的序批式厌氧发酵试验，以分析预处理对发酵过程中的水解及产酸阶段的影响。由表 6-4 可知，经过预处理后葡聚糖降解效率有轻微下降，例如，空白组经过 3d 发酵后，葡聚糖的降解率为 99.4%，而经过 55℃ + 0.3mmol PDS/g TSS 预处理后的葡聚糖降解率为 95.7%，其他工况条件下也出现了类似现象，表明预处理会轻微抑制水解过程。各工况条件下葡萄糖降解效率几乎没有差异，表明预处理对产酸过程的影响不大。

预处理对产甲烷阶段的影响可以通过测定甲烷产量进行分析。如图 6-5 所示，当 PDS 初始投加量超过 0.3mmol/g TSS 时会严重抑制产甲烷过程。例如，在 55℃+0.3mmol PDS/g TSS 预处理条件下，发酵前 11d 的甲烷产量很低，表明产甲烷菌被严重抑制，这样有利于实现 SCFAs 积累，但 11d 后甲烷产量开始明显增大，表明产甲烷古菌的活性得到一定程度的恢复，随之而来的现象是 TSCFAs 产量减少，这与图 6-4（a）的结果一致。

表 6-4　厌氧发酵 3d 后不同预处理条件对模型基质降解效率的影响

工况	葡聚糖降解/%	葡萄糖降解/%
空白	99.4±0.4	98.05±0.1
55℃+0.3mmol PDS/g TSS	95.7±0	98.7±0.2
0.3mmol PDS/g TSS（25℃）	96.0±0	98.1±0.7
55℃	94.8±0	98.5±0.3

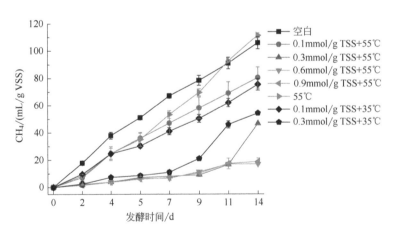

图 6-5　不同预处理条件下的 CH₄ 产量

表 6-5 进一步计算了模型有机物的比降解速率和甲烷的比生产速率。由该表可知，空白组的葡聚糖比降解速率为 8.19mg/（gVSS·h），将该值设定为水解微生物的初始活性值。当发酵种泥分别经过 55℃+0.3mmol PDS/g TSS、单独 0.3mmol PDS/g TSS 和单独 55℃ 处理后，葡聚糖的比降解速率分别降低至 7.89mg/(gVSS·h)、7.90mg/（gVSS·h）和 7.81mg/（gVSS·h），表明各预处理对水解微生物活性的降低率分别为 3.7%、3.5% 和 4.6%。由此可知，预处理可以轻微抑制水解过程。然而，经过 3d 发酵试验，各工况条件下葡萄糖的比降解速率差异很小，表明预处理几乎没有对产酸过程产生影响。预处理后，各工况的甲烷比生产速率出现明显下降，表明产甲烷古菌的活性被严重抑制，产甲烷过程无法正常进行，从而有利于 SCFAs 积累。

表 6-5 厌氧发酵过程中葡聚糖、葡萄糖的比降解速率和 CH_4 的比生产速率

基质	预处理条件			
	空白	55℃+PDS[③]	PDS（25℃）[③]	55℃
葡聚糖[①]/ [mg/ (gVSS·h)]	8.19±0.04	7.89±0.01	7.90±0.01	7.81±0.01
葡萄糖[①]/ [mg/ (gVSS·h)]	6.72±0.03	6.78±0.03	6.74±0.05	6.77±0.02
CH_4[②]/ [mL/ (gVSS·h)]	0.43±0.01	0.06±0.01	0.07±0.01	0.29±0.04

① 发酵 3d。

② 发酵 5d。

③ PDS 剂量是 0.3 mmol/g TSS。

6.2.4 污泥其他理化特性的变化规律

在污泥厌氧发酵过程中，有机物降解效率是考察发酵效果的另一个重要指标。如图 6-6（a）所示，除 55℃+0.6mmol PDS/g TSS 和 55℃+0.9mmol PDS/g TSS 预处理工况外，其余工况条件下的 VSS 值均低于空白组，其中 VSS 降解率的最高点（25%）出现在 55℃ 预处理条件下，这可能是由于该预处理条件下产甲烷微生物活性良好、有大量甲烷生成从而促进有机物降解。发酵污泥脱水性能的变化情况如图 6-6（b）所示，发酵污泥脱水速率及脱水程度均随 PDS 剂量的增加而明显提高。例如，经过 55℃+0.3mmol PDS/g TSS 预处理后，污泥的过滤时间 TTF_{50} 和泥饼含水率分别由空白组的 14.73min 和 83.7%降低至 12.37min 和 81.3%。该现象表明，热活化 PDS 预处理在经过发酵后依然对污泥脱水性能起到促进作用，这将有利于发酵污泥后续处置。

在发酵过程中，NH_4^+ 和 PO_4^{3-} 会随有机物降解进入发酵液并逐渐积累。本次试验测定了最佳 SRT（9d）条件下各系统内的 NH_4^+ 和 PO_4^{3-} 含量，如表 6-6 所列，由该表可知，在最佳预处理条件下对应的 NH_4^+ 和 PO_4^{3-} 含量最高，分别为（360.46±9.43）mg/L 和（104.35±7.63）mg/L。此外，由于 PDS 的投加，发酵液中会有部分 SO_4^{2-}，由表 6-6 可知，在最佳预处理条件下 SO_4^{2-} 含量为 1099.74mg/L，从本次试验的结果来

看，该值对发酵产酸的影响较小。然而，含有 SO_4^{2-} 的发酵液回流至生物反应池作为脱氮除磷的碳源是否对功能微生物产生不利影响还有待研究。

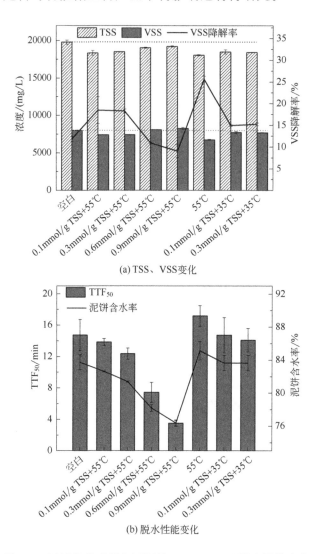

(a) TSS、VSS变化

(b) 脱水性能变化

图 6-6　厌氧发酵后剩余污泥的 TSS、VSS 及脱水性能变化

表 6-6　发酵第 9 天污泥上清液中 NH_4^+、PO_4^{3-} 和 SO_4^{2-} 含量　　　　单位：mg/L

项目	NH_4^+	PO_4^{3-}	SO_4^{2-}
初始样品	2.26±0.00	0.51±0.13	53.15±1.09
空白组	176.84±12.0	26.12±2.02	—
55℃+0.3mmol PDS/g TSS	360.46±9.43	104.35±7.63	1099.74±81.31
35℃+0.3mmol PDS/g TSS	246.38±3.41	73.44±2.23	926.52±25.07
55℃	311.87±9.75	50.40±1.35	—

6.2.5　发酵产酸机理阐释

热活化 PDS 涉的主要化学反应如式（6-1）～式（6-4）所示，在该过程中，·OH 和 SO_4^-· 是最主要的自由基，二者具有很强的氧化性，可以实现污泥破解并抑制微生物活性；而不经活化的 PDS 同样具有氧化剂的特性，可以影响污泥理化特性和微生物活性。在污泥发酵过程中，由于预处理作用，需要在污泥溶解和微生物活性之间保持平衡。在本次试验的最佳预处理条件下，大量溶解性有机物释放、产酸微生物活性较高且产甲烷古菌的活性被明显抑制，共同促使 SCFAs 实现大量积累。

$$S_2O_8^{2-} \longrightarrow 2SO_4^-· \tag{6-1}$$

$$H_2O \longrightarrow ·OH + H· \tag{6-2}$$

$$S_2O_8^{2-} + ·OH \longrightarrow H^+ + SO_4^{2-} + SO_4^-· + 0.5O_2 \tag{6-3}$$

$$S_2O_8^{2-} + SO_4^-· \longrightarrow SO_4^{2-} + S_2O_8^-· \tag{6-4}$$

由上式可知，热活化 PDS 过程会生成 H^+，且 SCFAs 的积累也会对发酵系统的 pH 值产生影响。图 6-7（a）所示是预处理及 14d 发酵过程中各系统内的 pH 值变化情况，由该图可知，经过 30min 预处理后，各系统内的 pH 值均明显低于空白组，且 pH 值随着 PDS 剂量加大而逐渐降低，这主要是由于热活化 PDS 过程产生的大量 H^+。随着发酵过程的进行，SCFAs 和 NH_4^+ 逐渐积累，PDS 投加量小于 0.3mmol/g TSS 工况条件下的 pH 值逐渐上升，但始终保持在 6～8 的范围内；而 PDS 投加量大于 0.6mmol/g TSS 工况下的 pH 值逐渐降低至 5 以下，大部分产酸菌无法适应这样的酸性环境，导致产酸过程失败。ORP 也是影响厌氧发酵效果的另一个重要因素。预处理及发酵过程中 ORP 的变化情况如图 6-7（b）所示，经过 30min 预处理后，各系统的 ORP 均显著提高，这主要是由 PDS、SO_4^-·、·OH 的强氧化性及热活化过程

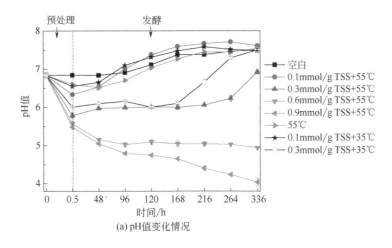

(a) pH值变化情况

图 6-7

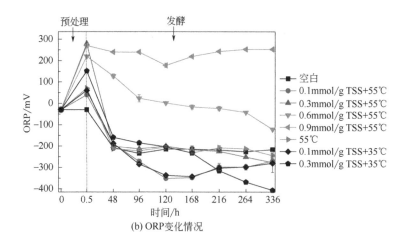

图 6-7　热活化 PDS 预处理及厌氧发酵过程对 pH 值和 ORP 的影响

中产生的 O_2 所致。在发酵过程中，除 PDS 剂量高于 0.6mmol/g TSS 的工况外，其余系统内的 ORP 值均逐渐降低至-200mV 以下，可以满足厌氧发酵微生物的生长需求。在发酵过程中，PDS 含量的变化情况如表 6-7 所列，由该结果可知，在发酵进行的第 4 天，各系统内均测不到 PDS，表明热活化效果较好。

表 6-7　剩余污泥厌氧发酵过程中的 PDS 含量

时间/d	占比/%			
	0.1mmol/g TSS+55℃	0.3mmol/g TSS+55℃	0.6mmol/g TSS+55℃	0.9mmol/g TSS+55℃
0①	0.055	0.166	0.322	0.498
2	0	0	0	0.144
4	0	0	0	0

① 初始 PDS 浓度。

为了确定活化过程中产生的活性自由基（$SO_4^-·$ 和 $·OH$）在厌氧发酵过程中的作用，利用自由基清除剂 (TBA 和 EtOH) 单独开展了一个为期 7d 的序批式厌氧发酵试验，其中叔丁醇（TBA）用于清除 $·OH$，而乙醇（EtOH）可以同时清除 $SO_4^-·$ 和 $·OH$，投加过量自由基清除剂可以清除绝大部分活化产生的自由基。由图 6-8 所示，与 0.3mmol PDS/g TSS+55℃ 预处理条件下的 SCFAs 产量相比，投加 TBA 及 EtOH 后系统内的 SCFAs 产量急剧减小甚至与空白组的结果接近，表明 2 种自由基在污泥厌氧发酵中均起到关键作用。单独投加 EtOH 的系统内 SCFAs 产量最高，可达到约 3200mg COD/L，这是乙醇型发酵的典型效果。

根据本次试验的结果，本课题为污水处理厂提出一套"资源回收"方案，如图 6-9 所示。在常规污泥处理流程前建造一座污泥预处理构筑物，处理后的剩余污泥进行厌氧发酵，发酵罐中的余热和氢气可以回用于预处理工艺，而发酵产生的 SCFAs 进入生物曝气池作为生物脱氮除磷过程的内碳源。

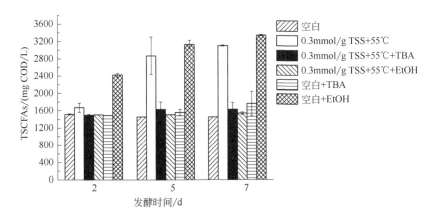

图 6-8　投加不同的自由基清除剂对 SCFAs 产量的影响

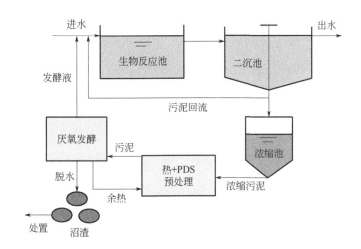

图 6-9　促进污水处理厂厌氧发酵产酸的热活化 PDS 预处理技术

6.3
启示及待解决的问题

热活化 PDS 作为 AOPs 工艺中的一种，可以提高序批式厌氧发酵产酸效果，且发酵污泥脱水性能优于控制组。但本次试验暴露的主要问题有以下几点：

① 序批式厌氧发酵试验中 TSCFAs 产量较高，与其他预处理方法相比有相当的竞争力，但是 VS 降解率的最高值仅有 25%，无法满足实际污水处理厂对有机物降

解的要求（≥40%），除 SRT 较短会影响 VS 降解以外，这一问题还需进一步研究并解决。

② TS 是影响污泥厌氧发酵效果的重要因素，在序批式试验过程中，分别利用来源、性质相同但 TS 分别为 20g/L 和 30g/L 的剩余污泥作为基质进行发酵试验，在相同预处理条件下二者的 TSCFAs 产量无明显差异，由此来看，采用较高的 TS 可以加大污泥处理量且保持较高的产酸水平，但如果继续加大 TS 是否对 TSCFAs 产量有影响还需进一步研究。

③ 半连续式厌氧发酵试验产酸效果不佳的原因可能是 SRT 过长，导致 SO_4^{2-} 在系统内大量积累且产生了大量 H_2S，从而抑制了产酸功能微生物的活性，因此后续可以尝试将 SRT 缩短到 5d 以下进行半连续试验，以测定产酸效果。

④ 新建预处理构筑物、投加 PDS 等措施均会增大污水处理厂的一次性投资及运行费用，将含有较高 SO_4^{2-} 的发酵液作为碳源进行生物回用的效果等问题也需要慎重考虑。

参考文献

[1] Waclawek S, Grübel K, Dennis P, et al. A novel approach for simultaneous improvement of dewaterability, post-digestion liquor properties and toluene removal from anaerobically digested sludge [J]. Chemical Engineering Journal, 2016, 291: 192-198.

[2] Luo J Y, Wu L J, Feng Q, et al. Synergistic effects of iron and persulfate on the efficient production of volatile fatty acids from waste activated sludge: Understanding the roles of bioavailable substrates, microbial community & activities, and environmental factors [J]. Biochemical Engineering Journal, 2019, 141: 71-79.

[3] Luo J Y, Zhang Q, Wu L J, et al. Improving anaerobic fermentation of waste activated sludge using iron activated persulfate treatment [J]. Bioresource Technology, 2018, 268: 68-76.

[4] Wang H, Cai W W, Liu W Z, et al. Application of sulfate radicals from ultrasonic activation: Disintegration of extracellular polymeric substances for enhanced anaerobic fermentation of sulfate-containing waste-activated sludge [J]. Chemical Engineering Journal, 2018, 352: 380-388.

[5] Wu Y Q, Song K. Effect of thermal activated peroxydisulfate pretreatment on short-chain fatty acids production from waste activated sludge anaerobic fermentation [J]. Bioresource Technology, 2019, 292: 121977.

第7章

超高温好氧发酵技术处理有机固体废物

▲ 超高温好氧发酵机理

▲ 超高温好氧发酵技术的研究进展

▲ 应用实例

▲ 启示及待解决的问题

7.1
超高温好氧发酵机理

7.1.1 超高温好氧发酵菌种和微生物群落结构

在超高温好氧发酵过程中，超高温微生物菌群发挥了重要作用，它可以促进有机固体废物矿化和腐质化，同时通过自身代谢释放热能。许多研究者已经致力于驯化各种超高温菌种，并且有些已经得到应用。由日本学者 YamaMura Masaichi 发现并以其名字命名的 YM 菌（属于芽孢杆菌属 *Bacillus*）已经在中国获得了专利号（NO. ZL 02826097. X），并且已经用于全规模的剩余污泥超高温好氧发酵工艺，该工艺中 YM 菌和剩余污泥的质量比为 2：1[1]。北京绿源科创环境技术有限公司生产的液体超高温菌种已经成功应用于不同有机固体废物的处理工艺[2]。东北大学的朱彤教授研发的 DY 菌也已经应用于全规模的超高温好氧发酵工艺，并且可以显著促进有机物腐质化。

超高温好氧发酵的微生物群落结构由于不同的发酵有机物及发酵方式呈现出多样性。近几年，现代分子生物学技术已经应用于探究与超高温好氧发酵工艺相关的微生物群落结构同时揭示相关机理。隶属于栖热菌门 Deinococcus-Thermus 的栖热菌科 Thermaceae 可以在超高温条件下存活，栖热菌科 Thermaceae 中的栖热菌属 *Thermus* 是超高温和高温段的优势菌属，它可以分泌大量水解酶和过氧化氢酶，并且可以适应一般微生物能不能承受的高温条件。隶属于高温放线菌科 Thermoactino-mycetaceae 的污泥扁平丝菌属 *Planifilum* 也是高温阶段的优势菌属，它可以分泌大量的脱氢酶、多酚氧化酶和脲酶。在超高温好氧发酵过程中也频繁检测出芽孢杆菌科 Bacillaceae 和硫杆菌科 Sulfobacillaceae。在腐熟阶段，隶属于高温单孢菌科 Thermomonosporaceae 的马杜拉放线菌属 *Actinomadura* 以及隶属于鞘脂杆菌科 Sphingobacteriaceae 的鞘脂杆菌属 *Sphingobacterium* 是优势菌属[3]。

7.1.2 运行参数和工艺流程

有机固体废弃物超高温好氧发酵的效果受底物初始含水率、pH 值、有机物组分、机械曝气速率、人工翻堆频率和温度影响，其中底物初始含水率、C/N 和机械曝气速率至关重要。根据已有的研究，最适宜超高温好氧发酵的运行条件包括初始 C/N 值为 10、含水率 50% 以及机械曝气速率 20m³/（t·h）等[2]。

超高温好氧发酵的工艺流程如图 7-1 和图 7-2 所示。首先，将单一或混合的有机固废通过预处理以调节其初始含水率和 C/N 值，同时按一定比例投加超高温菌剂。在发酵池中，周期性地进行机械曝气和人工翻堆，在超高温菌种的代谢作用下可以实现有机物矿化和腐殖化。在发酵过程中，将产生的气体如 N_2O、CO_2 和 NH_3 收集以避免对环境造成二次污染。在发酵末期，收集的终产物即腐熟料一部分进一步加工为腐殖质用作农业肥料；另一部分作为接种物循环进入发酵池。

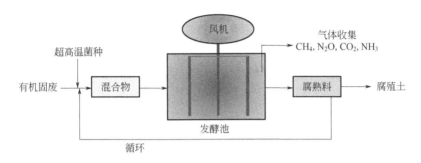

图 7-1　超高温好氧发酵工艺的流程示意

(a) 菌种和有机固废混合　　　　(b) 好氧发酵过程　　　　(c) 腐熟料

图 7-2　全规模超高温好氧发酵工艺

7.2
超高温好氧发酵技术的研究进展

7.2.1　降解难生物降解有机质

　　木质纤维素类物质是一类难生物降解的有机质，如秸秆、稻草等，因其具有较高的 C/N 值，又常作为调节剂与其他有机固废一同发酵。目前还没有关于超高温堆肥与纤维素降解相关的系统研究，但是许多指标表现出超高温堆肥可能有加速处理难生物降解有机质的能力。已有研究表明，木质纤维素类的分解主要发生在堆肥高温期，温度对于木质素的降解有着促进作用。溶解性有机碳（DOC）是木质纤维素类分解后的产物。有研究者在模拟超高温好氧发酵的研究中发现，超高温处理后 DOC 的含量显著少于普通好氧发酵，纤维素的降解速率逐渐增加并于堆肥结束达到稳定；芽孢杆菌属（*Bacillus*）在耐热性和分解纤维素方面具有优势。另外，超高温堆肥高温期菌落结构分析的结果表明，超高温堆肥和普通堆肥在嗜热细菌菌群结构方面存在很大区别，动球菌科（Planococcaceae）中未定义的一种菌和土壤芽孢杆菌属（Solibacillus），这两种与纤维素降解相关的细菌丰度在高温期分别是普通好氧发酵中的118倍和45.3倍；真菌中的曲霉菌属（Aspergillus）增加了 11.2%～61.8%。Bacillus 是超高温堆肥中的优势菌群，但这与好氧发酵方式有关。一般来说，加入反混料堆肥，Bacillus 的丰度会明显高于初期外源加热预处理的堆肥。Bacillus 能够有效分泌内切纤维素酶和外切纤维素酶，这两种酶使纤维素、半纤维素和木质素的降解率能够达到 70%左右[4]。

7.2.2　减少温室气体排放

对于传统高温好氧发酵，温室气体特别是 N_2O 大量排放是严重的负效应。由微生物参与的反硝化过程是好氧发酵过程中 N_2O 排放的最重要来源。相较于同质量的 CO_2，N_2O 对全球温室效应的贡献超过 300 倍。在 Cui 等[5]的研究中，一个全规模超高温好氧发酵工艺释放的 N_2O 比高温好氧发酵减少了 90%，机理分析表明，在超高温好氧发酵过程中，由于极高的温度减少了功能基因 amoA 和 norB 数量，导致硝化速率和 N_2O 的形成速率下降，NO_2^--N 和 NO_3^--N 含量也下降，最终导致 N_2O 的排放量降低。同时研究表明，极高温是降低 N_2O 排放量的首要原因。

7.2.3　原位生物降解微塑料

近几年，微塑料（microplatics，MPs）的危害引起了广泛关注，因为它对生态环境、人类及动物健康造成了潜在威胁。来自水体及陆地环境的各种有机物都含有大量的微塑料。将有机固废经过处理后作为肥料或土壤改良剂是有机固废的传统处理处置方式，但该过程会将大量微塑料带入土壤。Chen 等[6]利用全规模超高温好氧发酵工艺处理含微塑料的剩余污泥，经过 45d 的运行发现，43.7%的微塑料可以被原位去除；之后 Chen 等又利用超高温菌种和聚苯乙烯型微塑料开展了实验室规模的超高温好氧发酵试验，结果表明，聚苯乙烯型微塑料在 70℃条件下经过 56d 的处理可以降解 7.3%，降解率比高温好氧发酵高出 6.6 倍，同时，在超高温好氧发酵阶段，栖热菌属 Thermus、芽孢杆菌属 Bacillus 和地芽孢杆菌属 Geobacillus 由于生物氧化和生物降解效能而对聚苯乙烯型微塑料生物降解起到主要作用。

7.2.4　修复重金属污染土壤

有机固体废弃物填埋处理会产生大量渗滤液污染环境，其中重金属是对周围环境造成严重污染的主要污染源。在 Tang 等[7]的研究中将 Cu（Ⅱ）作为重金属的代表，探究 Cu（Ⅱ）与来自超高温好氧发酵、高温好氧发酵和原始剩余污泥产生的腐殖酸的络合作用，试验结果表明，络合作用由高到低依次为超高温发酵产生的腐殖酸、高温发酵产生的腐殖酸、剩余污泥中的腐殖酸，该现象是由于超高温有更高的腐殖化程度以及羧基和酚类对于 Cu（Ⅱ）和超高温好氧发酵产生的腐殖酸有更快的结合力，因此，相较于传统高温好氧发酵和剩余污泥，超高温好氧发酵在修复受 Cu（Ⅱ）污染的土壤方面更有效果。

在 Chen 等[8]的研究中，将嗜热菌 Thermus thermophilus FAFU013 接种到受 Pb（Ⅱ）污染的有机固废超高温好氧发酵过程中，经过 40d 的发酵后发现，Pb 的不溶解形态含量占比从 76.5%提高到 92.5%，该提高值是高温发酵组的 3 倍，表明超高温微生物对 Pb 有显著的钝化作用。

7.2.5　去除抗生素及抗性基因

近年来，抗生素残留物对自然环境的威胁已经引起了全球的广泛关注。许多研究者已经致力于研究高效的有机固废处理技术以减轻其中抗生素及抗性基因（antibiotic resistance genes，ARGs）对环境造成的污染。例如，超高温好氧发酵可以去除 95%的泰乐菌素抗生素发酵残留物及 75.8%的相关抗性基因，分析其主要是由抗生素抗性质粒和相关宿主细菌的丰度降低所致[9]。在 Liao 等[10]的研究中，同时开展了超高温好氧发酵和高温好氧发酵试验用于评价 ARGs 和可动遗传因子（mobile genetic elements，MGEs）的去除效率，并探究了相关机理，研究结果表明超高温好氧发酵过程中，ARGs 和 MGEs 的去除率高达 89%，远高于高温好氧发酵过程的 49%，机理分析表明极高温削弱了 ARGs 和 MGEs 的稳定性，MGEs 的减少对于去除 ARGs 发挥了重要作用。

7.3
应用实例

伊赛牛粪超高温资源化处理工程位于河南焦作市修武县，于 2013 年建成投产，采用超高温好氧发酵技术，日处理牛粪 40t，生产优质生物有机肥 10t。牛粪发酵过程中平均温度在 80℃以上，高温期持续 5～7d，发酵过程无臭味、无渗滤液，产品腐熟度高。该工程是超高温好氧发酵技术在畜禽粪便——牛粪处理中的首次应用，工程实际应用效果证明该技术不仅能够处理污泥，还可以处理其他农业废弃物[2]。

7.4
启示及待解决的问题

综合来看，超高温好氧发酵相较于高温好氧发酵表现出了明显优势，包括可以高效降低温室气体排放量，原位降解微塑料，修复受 Cu、Pb 污染土壤以及去除抗生素残留物和抗性基因，如图 7-3 所示。然而，在超高温好氧发酵推广应用前仍然有几个问题待解决。首先，超高温好氧发酵可以加速有机物矿化，但是这不可避免地会使腐熟料中的有机物含量降低，从而导致肥效降低；其次，对于受其他重金属如 Zn、Cd、Cr、Ni 和 As 污染的土壤修复效果有待研究；再次，超高温菌剂对人类、动物及农作物的安全性有待证实；最后，进行经济性评价是一项新技术广泛应用前的必要环节。

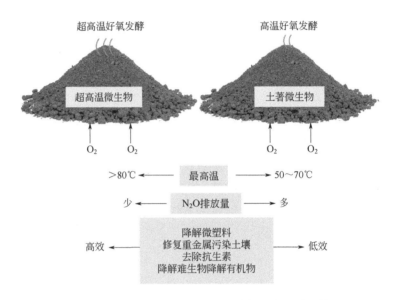

图 7-3　超高温好氧发酵和高温好氧发酵的运行条件及效果比较

参考文献

[1] 薛兆骏，周国亚，俞肖峰，等. 超高温自发热好氧堆肥工艺处理剩余污泥 [J]. 中国环境科学，2017，37（9）：3399-3406.

[2] 廖汉鹏，陈志，余震，等. 有机固体废物超高温好氧发酵技术及其工程应用 [J]. 福建农林大学学报（自然科学版），2017，46（4）：439-444.

[3] Afonso S, Arrobas M, Pereira E L, et al. Recycling nutrient-rich hop leaves by composting with wheat straw and farmyard manure in suitable mixtures [J]. Journal of Environmental Management, 2021, 284: 112105.

[4] 刘子乐，白林，胡红文. 超高温堆肥及其资源化与无害化研究进展 [J]. 中国农业科技导报，2021，23（1）：119-127.

[5] Cui P, Chen Z, Zhao Q, et al. Hyperthermophilic composting significantly decreases N_2O emissions by regulating N_2O-related functional genes [J]. Bioresource Technology, 2019, 272: 433-441.

[6] Chen Z, Zhao W Q, Xing R Z, et al. Enhanced in situ biodegradation of microplastics in sewage sludge using hyperthermophilic composting technology [J]. Journal of Hazardous Materials, 2020, 384: 121271.

[7] Tang J, Zhuang L, Yu Z, et al. Insight into complexation of Cu（Ⅱ）to hyperthermophilic compost-derived

humic acids by EEM-PARAFAC combined with heterospectral two dimensional correlation analyses [J]. Science of the Total Environment, 2019, 656: 29-38.

[8] Chen Z, Xing R Z, Yang X G, et al. Enhanced in situ Pb（Ⅱ）passivation by biotransformation into chloropyromorphite during sludge composting [J]. Journal of Hazardous Materials, 2021, 408: 124973.

[9] Liao H P, Zhao Q, Cui P, et al. Efficient reduction of antibiotic residues and associated resistance genes in tylosin antibiotic fermentation waste using hyperthermophilic composting [J]. Environment International, 2019, 133: 105203.

[10] Liao H P, Lu X M, Rensing C, et al. Hyperthermophilic composting accelerates the removal of antibiotic resistance genes and mobile genetic elements in sewage sludge [J]. Environmental Science & Technology, 2018, 52: 266-276.

第8章

厌氧共消化工艺
处理有机固体废物

厌氧消化产甲烷是目前实现剩余污泥减量、稳定及资源化利用的最佳工艺之一。通过该工艺回收的甲烷可以补充污水处理厂的能源需求量，符合要求的沼渣可以作为肥料或改良剂施用于土壤。厌氧消化工艺分为溶解及水解、酸化、产乙酸和产甲烷四个阶段，每个阶段均涉及多种酶及功能微生物，如图 8-1 所示。厌氧消化工艺有多种分类方式：按照消化温度将其分为低温、中温、高温和超高温；按照发酵基质含水率分为湿式和干式；按照消化方式分为单级消化、两级消化或两相消化；按照消化底物种类分为单一消化和共消化等。虽然研究者对厌氧消化过程已经有比较深入的认识，且该工艺已经在全世界很多国家广泛应用，但是，该工艺常常存在产甲烷量低、运行不稳定、处理能力有限、运行费用高且管理复杂及地方政策不支持等问题。因此，各国研究者均尝试采用各种方法提高厌氧消化产甲烷效率，这些方法可以归纳为两类：一是利用各种预处理技术促进污泥溶解，为产甲烷微生物提供基质，或投加导电材料促进 DIET；二是将两种或两种以上有机废弃物进行厌氧共消化[1-3]。

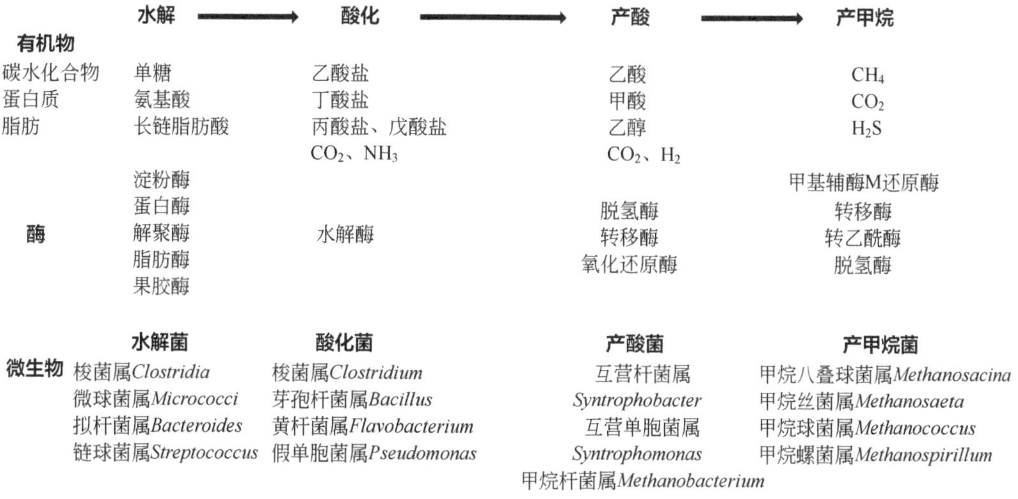

	水解 →	酸化 →	产酸 →	产甲烷
有机物				
碳水化合物	单糖	乙酸盐	乙酸	CH_4
蛋白质	氨基酸	丁酸盐	甲酸	CO_2
脂肪	长链脂肪酸	丙酸盐、戊酸盐	乙醇	H_2S
		CO_2、NH_3	CO_2、H_2	
酶	淀粉酶			甲基辅酶M还原酶
	蛋白酶		脱氢酶	转移酶
	解聚酶	水解酶	转移酶	转乙酰酶
	脂肪酶		氧化还原酶	脱氢酶
	果胶酶			
微生物	**水解菌**	**酸化菌**	**产酸菌**	**产甲烷菌**
	梭菌属 *Clostridia*	梭菌属 *Clostridium*	互营杆菌属 *Syntrophobacter*	甲烷八叠球菌属 *Methanosacina*
	微球菌属 *Micrococci*	芽孢杆菌属 *Bacillus*	互营单胞菌属 *Syntrophomonas*	甲烷丝菌属 *Methanosaeta*
	拟杆菌属 *Bacteroides*	黄杆菌属 *Flavobacterium*	甲烷杆菌属 *Methanobacterium*	甲烷球菌属 *Methanococcus*
	链球菌属 *Streptococcus*	假单胞菌属 *Pseudomonas*		甲烷螺菌属 *Methanospirillum*

图 8-1　厌氧消化过程[4]

厌氧共消化工艺近年来逐渐受到研究者的广泛关注。共消化是指将两种或两种以上有机废弃物按照一定比例混合后作为基质进行消化反应，该工艺的优点主要有：调节系统内的 C/N 值及含水率、实现营养物质平衡并稀释有毒物质，从而促进甲烷产量提高。相比各种预处理技术，厌氧共消化技术无需额外建造构筑物且省去了投加化学试剂的费用。目前，有研究者将剩余污泥与其他有机废弃物进行厌氧共消化，例如食品废物、园林废弃物、藻类和畜禽粪便等，均取得了较好的产甲烷效果[5-7]。

联合国粮农署在 2018 年发布的报告显示，2016 年全球水产市场的水产量达到7940 万吨，水产业对全球粮食供应的占比日益增加[8]。自 1988 年以来，中国的水产养殖规模一直位居全球第一，池塘养殖的占比很高，但是饵料利用率普遍很低，并且随着养殖规模和养殖密度的不断增加，水产养殖污泥的产生量也随之加大[9]。水产养殖污泥由养殖过程中的残饵及养殖物的代谢产物组成，有机物含量占比为50%～92%，其主要成分包括蛋白质和脂质，这部分沉淀物在水中分解产生的大量氨氮会使养殖水质急剧恶化，从而对养殖生物产生强烈的毒性，因此必须定期对这部分污泥进行清理去除[10]。清理出的养殖污泥如果直接排放至水体或随意堆放会对当地的大气、水体及土壤环境造成严重威胁[11,12]。值得注意的是，水产养殖污泥富含蛋白质及脂肪，在厌氧消化产气方面有巨大的潜力，且消化剩余物（沼渣）中富含植物性营养物质（氨氮和磷酸盐），可以作为肥料施用于土壤。但是，不能忽视的是，蛋白质和脂肪在降解过程中会生成氨氮（NH_4^+和自由氨）和脂肪酸（长链脂肪酸 LCFAs 和短链脂肪酸 SCFAs）。少量的氨氮可以对消化系统的 pH 值起到缓冲作用，同时提高沼渣中的氮素含量，有利于沼渣作为肥料使用；但当系统中的氨氮含量超过一定值后，会抑制微生物活性，特别是产甲烷古菌的活性。通常对总产气量的贡献超过 2/3 以上的乙酸发酵型产甲烷菌对于氨氮的承受力远不及氢营养型产甲烷菌，因此，当氨氮含量超过临界值时甚至会完全抑制产甲烷过程，造成厌氧消化过程失败；LCFAs 和丙酸在系统中难以降解、极易产生累积，且对产甲烷过程有明显抑制作用，从而会显著影响产气量；此外水产污泥中的高含盐量（Cl^-）也可能对消化过程带来不利影响[13]。因此，水产养殖污泥通常不适合单独进行厌氧消化处理，而与剩余污泥共消化可以弥补二者各自的缺点，优化消化底物的 C/N、平衡营养物质，提高产气量并同时实现两种污泥的资源化利用，实现变废为宝、减少对环境造成二次污染的风险，是一种非常适合我国国情需要的新型环保方式。

鱼类加工固废（fish processing waste，FPW）是鱼类加工过程中产生的废弃物，主要包括鱼头、鳞、鳃、鱼鳍、鱼骨和鱼内脏等，这部分固废通常占到鱼体质量的45%以上。FPW 经济价值很低，含有大量蛋白质和脂类等易生物降解有机物，常温放置时在短时间内极易腐败。对于中国这样的水产养殖大国，鱼类加工固废的稳定化处理处置是亟待解决的一个问题[14,15]。已有的研究结果表明，脂类、蛋白质和碳水化合物的理论产甲烷量分别为 0.99L CH_4/g、0.63L CH_4/g 和 0.42L CH_4/g。因此，将富含脂类和蛋白质的 FPW 作为剩余污泥的共消化基质在理论上可以提高产甲烷效果；但是，由于脂类在降解过程中会迅速降解并生成长链脂肪酸（LCFAs）和 NH_4^+，当其含量达到一定值后会抑制甚至终止产甲烷过程，因此，适宜的投加量及运行参数有待研究[16,17]。目前有关这方面的研究报道较少，现有的研究主要关注的是鱼类加工固废的产气效果[18,19]，而消化过程中系统理化特性变化及微生物作用机制及产甲烷路径等尚不完全明确。

本研究拟将水产固废作为添加物按照一定的投加比与剩余污泥混合，然后进行序批式厌氧共消化试验（BMP 试验），探究共消化的产气效果，从而确定该方法的可行性，并初步确定两种底物的适宜投加比及污泥停留时间。通过测定系统内的主要理化特性，探究共消化的作用机制。该研究是将水产固废与剩余污泥进行共消化的有益尝试，将为剩余污泥和水产固废的资源化处理处置提供一定的理论参考。

8.1
试验材料与方法

8.1.1 材料来源及性质

（1）剩余污泥和水产养殖污泥厌氧共消化材料

剩余污泥（WAS）和种泥（中温厌氧消化污泥）取自武汉某污水处理厂的二沉池污泥回流泵房及中温厌氧消化罐，取回后将剩余污泥经过沉淀浓缩然后置于 4℃冰箱保存，种泥保存于 37℃ 环境条件下待用；水产养殖污泥（AS）取自华中农业大学某鲈鱼养殖基地的沉淀池，取回后将其经过沉淀浓缩然后置于 4℃冰箱保存，以上三种材料在进行消化试验前的基本理化特性如表 8-1 所列。图 8-2 所示是水产养殖基地及水产养殖污泥性状图。

表 8-1　初始剩余活性污泥、水产养殖污泥和种泥的特性

参数	剩余污泥	水产养殖污泥	种泥
总固体（TS）/（mg/L）	28788.5±212.8	33645.0±162.6	51720.0±155.6
挥发性固体（VS）/（mg/L）	13089.1±243.5	13833.0±49.5	19809.5±1315.9
VS/TS	0.45	0.41	0.38
总 COD（TCOD）/（mg/L）	13053.6±55.4	18522.0±1524.5	—
总蛋白质/（mg COD/L）	3699.4±23.8	5056.9±179.3	—
总碳水化合物/（mg COD/L）	1418.1±25.7	2694.9±398.2	—
总脂肪/（mg COD/L）	2253.8±22.6	3841.2±164.6	—
NH_4^+-N/（mg/L）	3.57±0.05	44.3±0.33	438.1±1.7
pH 值	6.66±0.01	6.87±0.01	7.08±0.04
TCOD/TN 值	21.79	21.67	—

（2）剩余污泥和鱼类加工固废厌氧共消化材料

剩余污泥的基本理化性质为：pH 值为 6.90±0.01，TCOD（18364.68±165.12）mg/L，TS（29181.50±38.89）mg/L，VS（14561.21±103.80）mg/L，总蛋白质（9002.91±64.30）mgCOD/L，总碳水化合物（2236.93±35.61）mgCOD/L，总脂类（4015.8±0）mgCOD/L，C/N6.66。种泥的基本理化特性为：pH 值为 7.26±0,

TS（35133.5±99.70）mg/L，VS（13433.25±5.83）mg/L。

(a) 水产养殖基地　　　　　　　　　　　　　　　(b) 水产养殖污泥

图 8-2　中试规模的水产养殖基地和水产养殖污泥图像

鱼类加工固废（FPW）取自武汉大学菜市场内的鱼肉售卖店，FPW 取回后人工挑取鱼内脏并用搅拌机搅碎，如图 8-3 所示，将处理后的 FPW 保存于 4℃冰箱中供第 2 天使用。

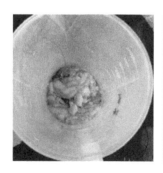

图 8-3　厌氧共消化前鱼类固废的表观图

8.1.2　生物产甲烷潜力及主要指标测试方法

（1）剩余污泥和水产养殖污泥厌氧共消化测试

厌氧消化试验在 5 个完全相同的有效容积为 250mL 的盐水瓶内进行，每个瓶内投加 87.5mL 种泥和 87.5mL 基质。WAS 和 AS 按照一定的体积比混合后作为共消化基质，具体投加比为：100%WAS、70%WAS+30%AS、50%WAS+50%AS、30%WAS+70%AS 和 100%AS。在进行 BMP 试验前，向各反应器内充入 10L 高纯氮气（99.9999%），加塞密封并置于恒温气浴摇床内（37℃±1℃，180r/min）。BMP 试验一直持续到甲烷日产量低于累计产量的 1%为止。消化过程中不控制 pH 值，定期测定 CH_4 产量、NH_4^+ 浓度和系统内基质的可生化降解性能。为了减小误差，所有的试验及测定至少重复进行 2 次。

（2）剩余污泥和鱼类加工固废厌氧共消化测试

BMP 试验在 5 个完全相同的有效容积为 250mL 的盐水瓶内进行，每个瓶内各投加 20mL 种泥，基质的投加量如表 8-2 所列，混匀后开始 BMP 试验，具体操作步骤同 5.1.2 部分。在消化过程前期调节系统内的 pH 值，定期测定产气量、产酸量及其他理化指标，具体如图 8-4 所示。BMP 试验后期，取样测定微生物群落特性及产甲烷功能基因的数量。

表 8-2　厌氧共消化试验设计

项目	种泥/mL	WAS/mL	FPW/mL	FPW 的体积占比/%①	FPW 的 VS 占比/%①
控制组	20	160	0	0	0
测试组	20	157.6	2.4	1.5	32.24
	20	155.2	4.8	3	49.17
	20	150.4	9.6	6	66.63
	20	144.0	16	10	77.66

① 在共基质中的占比。

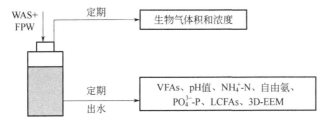

图 8-4　厌氧共消化测试过程示意

在本试验中，利用修正的 Gompertz 模型对累计产甲烷量和产甲烷时间进行拟合分析，该模型如式（8-1）所示。基质的降解程度利用式（8-2）进行计算。

$$P = P_{max} \times \exp\{-\exp[R_{max} \times e/P_{max} \times (\lambda - t) + 1]\} \qquad (8\text{-}1)$$

式中　P——在时间 t(d) 时的累积产气量，mL CH_4/g VS；

　　　P_{max}——最大累积产气潜力，mL CH_4/g VS；

　　　R_{max}——最大产气速率，mL CH_4/(gVS·d)；

　　　λ——滞留时间，d；

　　　t——厌氧消化时间，d；

　　　e——自然常数，其值为 2.71828。

$$Y = R_{max} P_{max}/380 \qquad (8\text{-}2)$$

式中　Y——底物的降解程度；

$R_{\max}$——底物的 VS/TCOD，本试验中近似取为 1；

380——在标准条件下（1atm，25℃）污泥的理论生物产甲烷潜力（L CH₄/kg TCOD）。

TS、VS、TCOD、pH 值和 NH_4^+ 的测定方法参考《水和废水监测分析方法》第四版。自由氨 FA 的计算方法见式（8-3）[20]。气体组分及含量的测定方法参考 Abelleira-Pereira 等[21]的论文。

$$FA = \frac{C_{(NH_3-N+NH_4^+-N)} \times 10^{pH}}{\dfrac{K_b}{K_W} + 10^{pH}}$$ [8-3（a）]

$$\frac{K_b}{K_W} = e^{6344}/(273+T)$$ [8-3（b）]

式中　$C_{(NH_3-N+NH_4^+-N)}$——总氨氮浓度，mg N/L；

T——反应温度，℃。

LCFAs 的测定方法见文献[22]。采集消化第 37 天的样品，包括 100%WAS、1.5%FPW 和 3%FPW 三组，委托广州美格基因公司进行微生物群落结构分析。利用实时定量 PCR 技术分析功能基因（*mcrA*）的含量，q-PCR 的引物为 qMCR-F（5′-GGTATGGAGCAGTACGAGGAGTTC-3′）/qMCR-R（5′-GTAGCCGAAGAAGC-CGAGACG-3′），该引物由武汉天一辉远生物科技有限公司合成，用于扩增产甲烷菌 *mcrA* 基因片段，扩增长度为 198bp，符合荧光定量对目的基因长度的要求（<200bp）[23]。利用 q-PCR 方法测定产甲烷功能基因的具体操作流程如下。

（1）DNA 提取、含量测定及完整性确定

将各工况下的平行样品混合后利用试剂盒（DNeasy PowerSoil Kit）进行 DNA 提取，利用 Thermo Nanodrop 2000C 仪器测定各样品的 DNA 浓度，利用凝胶成像技术确定提取的 DNA 完整性。

（2）普通 PCR 技术确定目的基因是否存在

普通 PCR 的反应体系为 20μL：前置、后置引物及模板各加入 0.5μL，ddH₂O（双蒸水）加入 8.5μL，Taq 酶 mix 加入 10μL。PCR 反应循环条件采用三步法，依次为：步骤 1 预变性 94℃、5min，变性 94℃、30s，1×；步骤 2 退火 64℃、30s，72℃、30s，30×；步骤 3 延伸 72℃、10min，4℃、5s，1×。普通 PCR 运行结束后，利用凝胶成像技术确定目的基因是否存在。

（3）回收 DNA

利用试剂盒 Axygen A coring brand 回收样品中的 DNA，利用回收得到的 DNA 进行普通 PCR，选择条带清晰且正确的 1 个样品进行后续操作。

（4）连接、转化及挑克隆

随机挑取菌液 3～4 管送至武汉天一辉远生物科技有限公司进行测序并返还质粒。

（5）制作标准曲线待用样品

（6）功能基因测定及数据分析

q-PCR 上机测定功能基因数量，利用 Bio-RAD CFX manager 软件分析数据。

8.2
剩余污泥和水产养殖污泥厌氧共消化产甲烷效果

8.2.1　厌氧共消化产甲烷效果

BMP 测试结果如图 8-5 所示。在消化的前 8d，各工况的甲烷日产量有明显区别，即随 AS 投加比的增加而增加，其中最大的甲烷日产量出现在消化第 2 天，并且以 AS 单独作为基质的条件下，此时的甲烷产量为 11.71mL CH₄/（g VS·d）。甲烷累计产量也随 AS 投加比的增加从 70.5mL CH₄/g VS$_{fed}$（0% AS）提高到 76mL CH₄/g VS$_{fed}$（100% AS）。这些结果表明，AS 可以作为剩余污泥的共基质提高传统污水处理厂的厌氧消化产气效果。值得注意的是，本次试验的甲烷产量低于其他研究，这主要是由于所用两种基质的有机物含量（VS/TS）太低，其他研究者也认为当 VS/TS 低于 50%时，产气量、有机物降解速率均会受到严重影响。

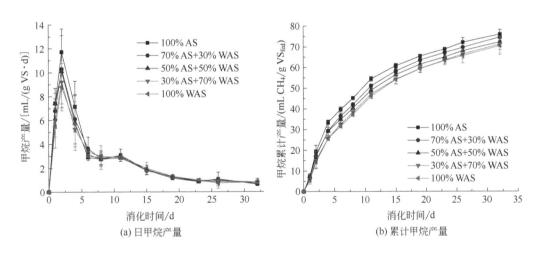

图 8-5　不同条件下的 CH₄ 产量

数学模型可以预测最大甲烷产生潜力及基质的降解程度，并优化反应系统的设计和运行参数，避免系统运行出现不稳定或失败，因此许多研究者均采用各种数学模型对试验结果进行分析和评价，如一级动力学模型、修正的 Gompertz 模型、Cone

模型、ADM-1 和 Weibull 模型等[24-26]。本次试验利用修正的 Gompertz 模型对试验得到的累计甲烷产量及消化时间进行拟合，得到的拟合结果及拟合曲线如表 8-3 和图 8-6 所示。由该拟合结果的相关系数可知，拟合得到的参数与试验结果有较好的相关性，各工况条件下 R^2 均大于 0.97；最大产甲烷潜力出现在投加 100%AS 的条件下，该拟合结果与试验结果吻合。基质的降解程度 Y 也随 AS 投加比增大而增大。

表 8-3　不同条件下利用修正的 Gompertz 模型得到的动力学拟合参数

项目	参数	100%WAS	70%WAS	50%WAS	30%WAS	100%AS
试验组	P / (mL CH₄/g VS)	70.5	71.2	72.3	74.6	76.0
修正的 Gompertz	P_0 / (mL CH₄/g VS)	66.8	67.2	68.2	69.9	70.9
	R_0 / [mL CH₄/ (g VS·d)]	4.40	4.44	4.67	5.02	5.59
	λ/d	0	0	0	0	0
	R^2	0.98	0.98	0.97	0.97	0.97
降解程度	Y	0.176	0.177	0.179	0.184	0.186

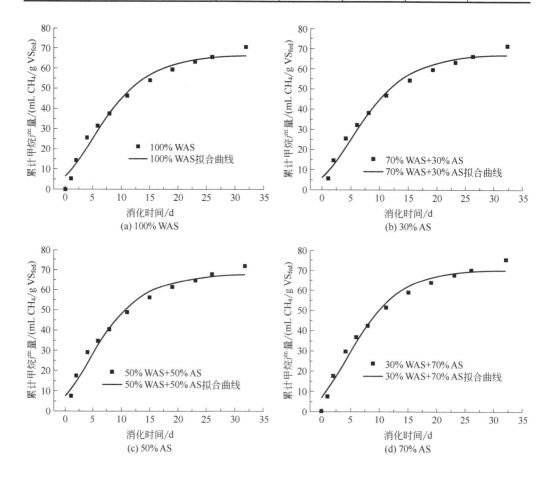

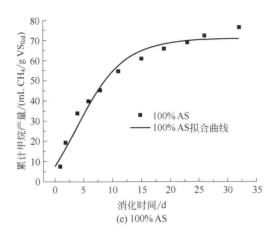

图 8-6　BMP 试验中累计甲烷产量的拟合曲线

8.2.2　厌氧共消化体系的理化特性

BMP 试验过程中各反应器内的 pH 值变化情况如图 8-7（a）所示，由该图可知，各系统的 pH 值均维持在 6.8~8.0 之间，这有利于产甲烷功能微生物的生存。已有的研究表明，当 NH_4^+ 含量在 1.7~14g/L 时 CH_4 的产量可以降低 50%，当 FA 的含量高于 25mg/L 时就会抑制厌氧消化过程[27]。本试验中 NH_4^+ 和 FA 的变化情况如图 8-7（b）和图 8-7（c）所示，NH_4^+ 含量在消化前 11 天急剧增加，后期变化较小，且随着 WAS 占比的增加而增加，例如，在投加 100%AS 条件下，NH_4^+ 含量在 BMP 测试后期维持在 420mg/L 左右，而在 100%WAS 条件下，NH_4^+ 含量在 500mg/L 左右，但是各工况条件下的 NH_4^+ 含量均没有达到抑制产甲烷过程的水平。各工况条件下的 FA 值在共消化的前 15 天无明显差异，而在消化后期，FA 随 WAS 占比的提高而加大，且该值已超过抑制产甲烷过程的临界值，这可能是 WAS 占比较高条件下产甲烷量较低的原因之一。

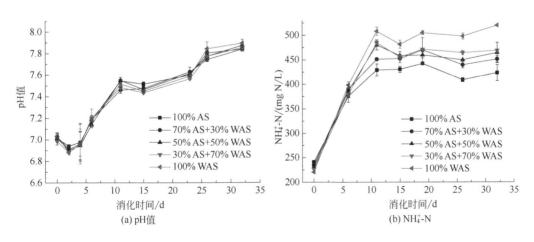

图 8-7

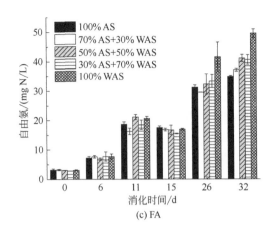

(c) FA

图 8-7　BMP 试验中 pH 值、NH$_4^+$-N 和 FA 的变化

3D-EEM 荧光光谱技术常用于分析生物反应系统内物质的可生物降解性能。不同工况条件下，各系统内消化液的 3D-EEM 荧光检测结果如表 8-4 和图 8-8（彩图见书后）所示。吸收峰 a（230～235nm/414～428nm）和吸收峰 b（315～335nm/412～422nm）是各样品均有的荧光吸收峰，分别指示不可生物降解的富里酸和腐殖酸。吸收峰 c（220nm/308～328nm）和吸收峰 d（280nm/278 nm）分别代表可生物降解的络氨酸蛋白类物质和溶解性微生物的副产物。然而，可生物降解物质仅仅存在于消化前投加了 AS 的系统中，且吸收峰 a 和吸收峰 b 的荧光强度值随 AS/WAS 比例的提高而降低，表明难生物降解物质含量随之减少。以上这些结果表明，随着 AS 投加比的增加，系统内可生物降解物质含量提高，这是促进甲烷产量增加的一个重要原因。

表 8-4　不同条件下消化上清液的 3D-EEM 荧光吸收峰及其强度

工况	吸收峰 a		吸收峰 b		吸收峰 c		吸收峰 d	
	Ex/Em	FI	Ex/Em	FI	Ex/Em	FI	Ex/Em	FI
100%WAS-0d	230/418	578.9	320/422	312.5	—		—	
50%WAS -0d	230/422	609.1	315/412	325.2	220/328	225.5	—	
100%AS-0d	230/420	595.4	325/412	317.8	220/308	270.6	280/278	343.2
100%WAS-6d	230/420	766.6	335/414	446.3	—		—	
50%WAS -6d	230/428	756.7	330/418	440.7	—		—	
100%AS-6d	230/420	538.3	320/410	281.7	—		—	
100%WAS-15d	235/414	755.8	325/414	463.3	—		—	
50%WAS-15d	230/422	749.7	320/418	451.2	—		—	
100%AS-15d	230/414	739.8	325/416	425.6	—		—	

典型有机固体废物高效处理处置与资源化

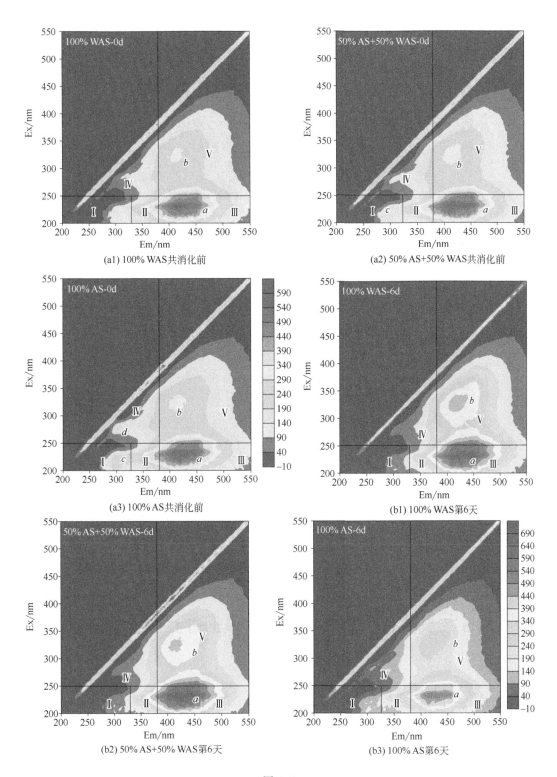

(a1) 100% WAS共消化前

(a2) 50% AS+50% WAS共消化前

(a3) 100% AS共消化前

(b1) 100% WAS第6天

(b2) 50% AS+50% WAS第6天

(b3) 100% AS第6天

图 8-8

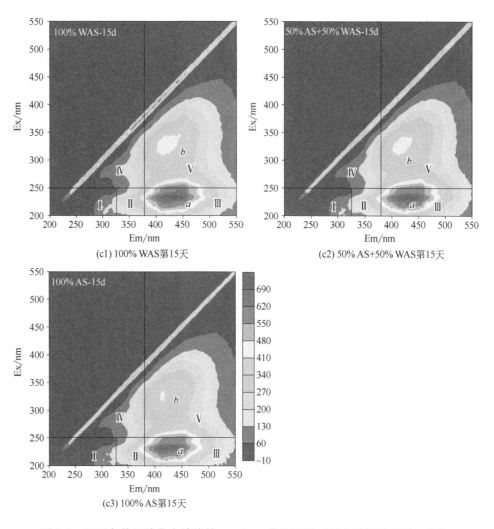

图 8-8　不同条件下消化上清液的 3D-EEM 荧光图谱 （所有样品均稀释 5 倍）

8.3
剩余污泥和鱼类加工固废厌氧共消化产甲烷效果

8.3.1　厌氧共消化产甲烷效果

BMP 试验结束后，各工况条件下消化污泥及消化液的表观图如图 8-9 所示（彩图见书后）。由该图可知，当 FPW 投加量高于 6%时，污泥颜色为深褐色，表面有大量浮渣及泡沫，且消化液呈浅褐色，结合后续分析可知，表面的浮渣及泡沫为反应器内积累的脂类及其降解产物 LCFAs。

图 8-9　厌氧共消化 50d 后沼渣和上清液的表观图

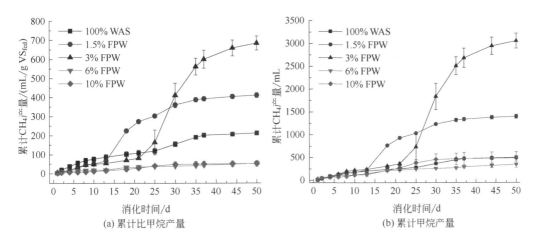

图 8-10　不同条件下的甲烷产量

厌氧共消化的产甲烷效果如图 8-10 所示。由该图可以看出,空白组的累计甲烷产量为 212.3mL/g VS_{fed}(496.7mL),当 FPW 的投加量为 1.5%和 3%时,累计甲烷产量相比控制组有显著提高,最终的累计甲烷产量分别达到 410.1mL/g VS_{fed}(1398.6mL)和 683.8mL/g VS_{fed}(3056.4mL);但是当 FPW 的投加量继续加大到 6%以上时,产甲烷效果急剧下降,表明消化系统出现恶化。利用修正的 Gompertz 模型对累计甲烷产量及消化时间进行拟合的结果见表 8-5 和图 8-11,由 R^2 的结果可知,拟合数据与试验数据具有较好的相关性,最大甲烷产量为 708.23mL CH_4/g VS,该值与实测值十分接近。然而,值得注意的是,虽然 FPW 的投加量分别为 1.5%

和 3%时可以显著提高甲烷产量，但滞留时间分别为 7.89d 和 20.11d，均远高于控制组，这主要是由于产甲烷功能微生物适应共消化环境需要一定的时间。

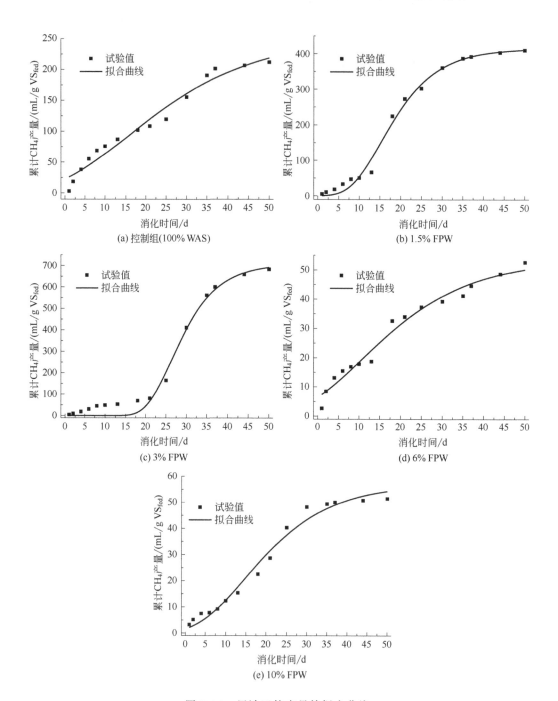

图 8-11　累计甲烷产量的拟合曲线

典型有机固体废物高效处理处置与资源化

表 8-5　利用修正的 Gompertz 模型得到的动力学拟合参数

项目	参数	控制组	1.5% FPW	3% FPW	6% FPW	10% FPW
试验组	P / (mL CH₄/g VS)	212.25	410.13	683.76	52.63	51.47
模型拟合	P_0 / (mL CH₄/g VS)	255.04	414.64	708.23	53.61	57.03
	R_0/ [mL CH₄/ (g VS·d)]	5.19	20.40	41.46	1.36	1.79
	λ/d	0	7.89	20.11	0	3.17
	R^2	0.964	0.990	0.964	0.971	0.979

8.3.2　厌氧共消化体系理化特性

在厌氧消化过程中，脂类迅速降解生成甘油和 LCFAs，LCFAs 通过 β-氧化作用继续降解生成 VFAs，LCFAs 的降解过程是含脂类物质厌氧消化的限速步骤。因此，LCFAs 含量是影响厌氧消化效果的关键因素，当其累积量超过阈值后会抑制产甲烷过程甚至导致产气失败。已有的研究表明，油酸（$C_{18:1}$）、棕榈酸（$C_{16:0}$）和硬脂酸（$C_{18:0}$）是消化系统内的主要 LCFAs，其半抑制浓度（IC_{50}）分别为 75mg/L、1100mg/L 和 1500mg/L[28]。本次试验测定了消化结束后各系统内 LCFAs 的组分分布及含量，如图 8-12 所示，由该图可知，当 FPW 投加量为 1.5%和 3%时，LCFAs 的含量很低，远达不到 IC_{50}；而当 FPW 投加量超过 6%后，系统内出现了 LCFAs 积累，主要组分为 $C_{14:0}$、$C_{16:0}$、$C_{18:0}$ 和 $C_{18:1}$，其中 $C_{16:0}$ 和 $C_{18:1}$ 的含量远高于 IC_{50}，这是造成系统产甲烷失败的主要原因之一。以上分析表明，FPW 投加量过量会对产甲烷过程产生不可逆的抑制作用。

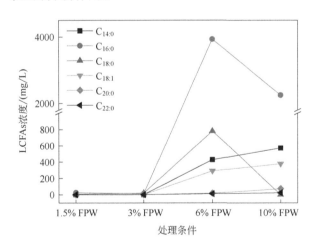

图 8-12　厌氧共消化第 50 天的 LCFAs 含量（100%WAS 条件下的含量低于检测限）

VFAs 是消化过程中的主要中间产物，也是蛋白质和 LCFAs 的主要降解中间产物，其含量及组分分布情况如图 8-13 所示。由图 8-13（a）可知，TVFAs 含量在消化前 8d 急剧增加；18d 以后，在 FPW 投加量为 1.5%和 3%的条件下，系统内 TVFAs 含量下降明显，表明此前系统内生成的大部分 VFAs 可以被产甲烷菌利用，消化过程可以顺利进行；而当 FPW 投加量超过 6%以后，系统内始终积累有大量的 VFAs，例如，当 FPW 投加量为 6%时，直至消化过程结束，TVFAs 的含量依然高达

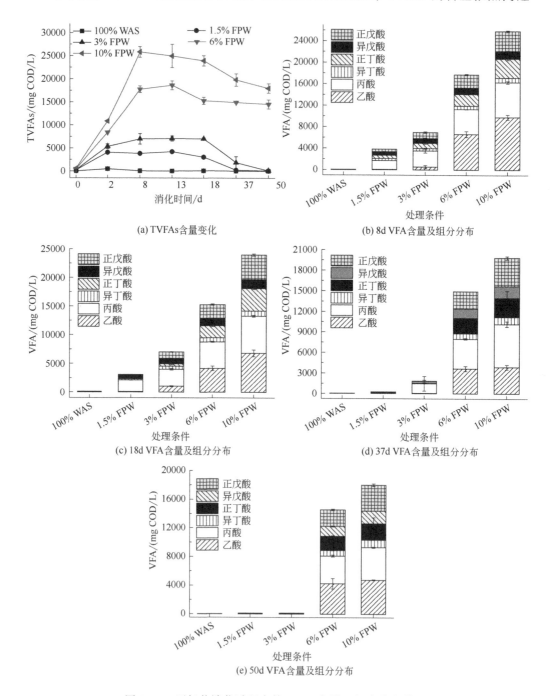

图 8-13　厌氧共消化过程中的 VFAs 产量及组分分布情况

14567.21mg COD/L，VFA 的积累也是造成系统内产甲烷失败的主要原因。VFAs 各组分分布及含量由图 8-13（b）～图 8-13（e）所示，其中乙酸是产甲烷古菌的直接基质，当 FPW 投加量小于 3%时，系统内没有出现乙酸积累，表明乙酸可以被微生物顺利降解并生成 CH_4；当 FPW 投加量大于 6%时，在消化工艺的全程都有乙酸积累。在 6 种 VFA 种，丙酸积累对消化过程的抑制作用最大，当其含量超过 1000mg/L 时就会显著抑制产甲烷过程[29,30]。由图 8-13 可知，当 FPW 投加量大于 6%时，丙酸出现大量积累，且含量远超过 1000mg/L，从而严重抑制产甲烷过程顺利进行。

图 8-14 所示（彩图见书后）是不同系统内消化液的 3D-EEM 荧光光谱图，在消化过程前期即第 4 天，消化液中存在可生物降解有机物（吸收峰 a 和吸收峰 c）及不可生物降解有机物（吸收峰 b，吸收峰 d，吸收峰 e），其对应的荧光吸收强度见表 8-6。在消化过程的第 25d，空白组内检测不到可生物降解有机物；在消化结束后，只有在 FPW 投加量为 6%的样品内可以检测到可生物降解有机物，表明这部分有机物无法被厌氧微生物有效利用，这主要是由于 LCFAs 的积累造成 β 氧化菌活性降低。

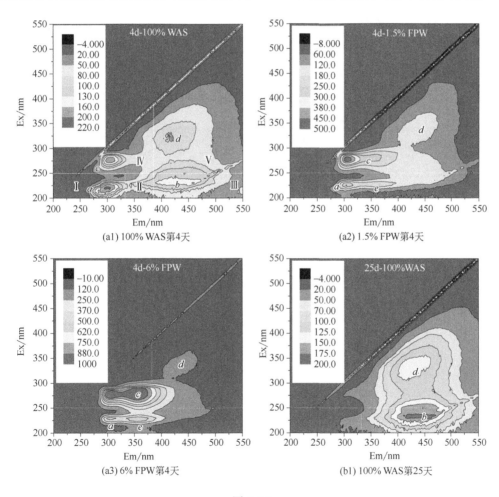

(a1) 100% WAS第4天   (a2) 1.5% FPW第4天

(a3) 6% FPW第4天   (b1) 100% WAS第25天

图 8-14

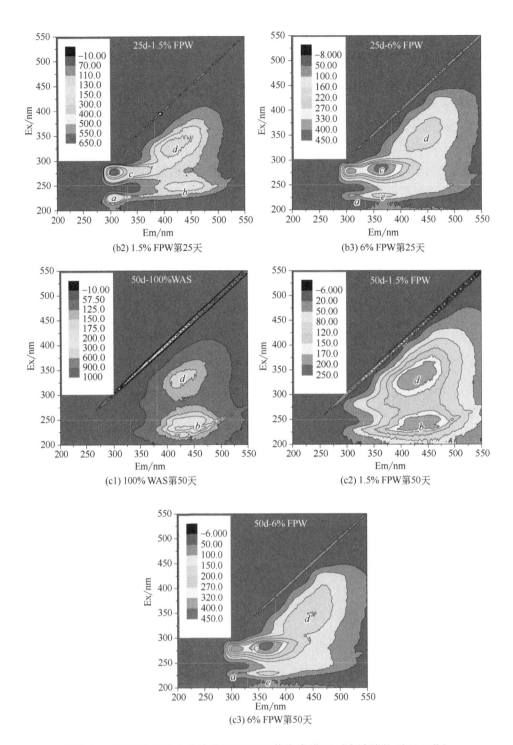

(b2) 1.5% FPW第25天   (b3) 6% FPW第25天

(c1) 100% WAS第50天   (c2) 1.5% FPW第50天

(c3) 6% FPW第50天

图 8-14　不同条件下上清液的 3D-EEM 荧光光谱图（上清液均稀释 5 倍）

典型有机固体废物高效处理处置与资源化

表 8-6　厌氧共消化系统中上清液 3D-EEM 荧光峰峰值的强度

工况条件	吸收峰 a		吸收峰 b		吸收峰 c		吸收峰 d		吸收峰 e	
	Ex/Em	FI	Ex/Em	FI	Ex/Em	FI	Ex/Em	FI	Ex/Em	FI
100%WAS-4d	220/296	217.66	230/412	151.14	275/304	193.1	330/414	104.33	—	
1.5%FPW-4d	225/304	307.40	—		275/304	497.03	340/446	146.63	225/356	231.66
6%FPW-4d	230/304	561.21	—		275/354	1000	340/438	139.88	230/356	598.33
100%WAS-25d	—		230/458	199.38	—		335/422	142.46	—	
1.5%FPW-25d	225/306	251.95	250/454	150.29	280/306	632.51	325/414	166.88	—	
6%FPW-25d	—		285/360	437.23	—		350/454	197.24	230/372	197.71
100%WAS-50d	—		230/458	227.95	—		330/418	161.79	—	
1.5%FPW-50d	—		250/454	195.33	—		325/420	196.87	—	
6%FPW-50d	230/312	105.62	—		285/362	435.68	350/446	202.73	230/368	180.76

图 8-15（a）所示是各系统内的 pH 值变化情况，由于消化初期有大量 VFAs 生成，导致消化前 4 天出现了 pH 值下降。为了实现系统稳定运行，在消化前 6d，利用 3mol/L HCl 和 3mol/L NaOH 对各系统内的 pH 值进行调节，之后 pH 值逐渐上升并保持在 6~8 的范围内。TAN 及 FA 的含量见图 8-15（b）和图 8-15（c），TAN 含量随 FPW 投加量的增加而提高，但均没有超过抑制产甲烷过程的阈值（1700mg/L）；FA 含量均低于 35mg N/L，低于抑制产甲烷过程的阈值，即 99mg N/L[2]。消化过程结束后，消化液中的 PO_4^{3-} 含量如图 8-15（d）所示，其含量随 FPW 投加量的增加而提高，例如，当 FPW 投加量为 10%时 PO_4^{3-} 含量为 720.05mgP/L；在 1.5%和 3%FPW 系统内，PO_4^{3-} 含量分别低于消化过程前的值，这可能是由 PO_4^{3-} 与系统内的 Mg^{2+} 和 Ca^{2+} 发生沉淀反应所致。图 8-15（e）是消化结束后各系统内消化液的 SCOD 值，该值随 FPW 投加量的增加而提高，由前述的结果可知，在 FPW 投加量为 1.5%和 3%的系统内，这部分 SCOD 主要由难生物降解有机物构成；而当 FPW 投加量大于 6%时，系统内的 SCOD 还含有大量可生物降解有机物，但由于厌氧微生物的活性被严重抑制从而无法有效利用这部分有机物。

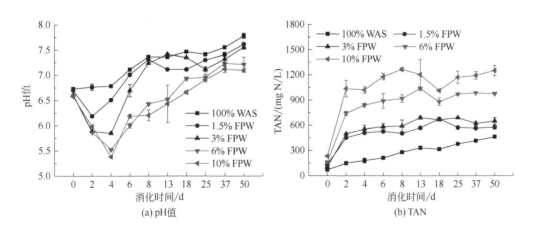

图 8-15

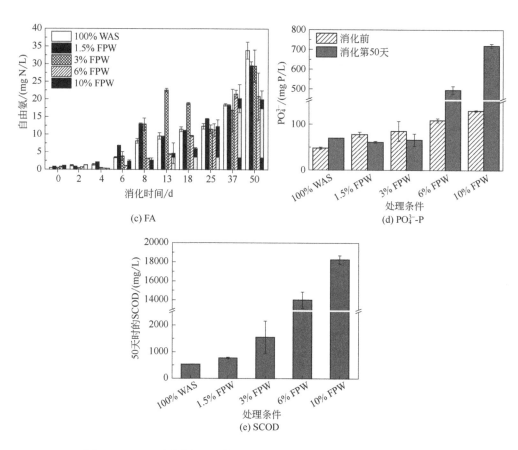

(c) FA

(d) PO$_4^{3-}$-P

(e) SCOD

图 8-15 BMP 测试中 pH 值、TAN、FA、PO$_4^{3-}$-P 和 SCOD 的变化

8.3.3 利用 q-PCR 技术分析产甲烷功能基因数量结果

图 8-16 所示为利用普通 PCR 技术测定的各工况条件下提取的 DNA 样品的结果

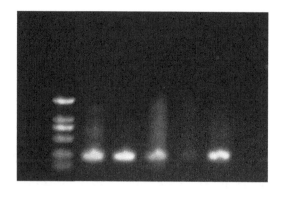

图 8-16 凝胶成像图（从左至右依次为 2000bp 标记物、从 100%WAS、
3%FPW、6%FPW、10%FPW 和 1.5%FPW 样品中提取的 DNA 样品）

图，由该图可知，除 FPW 投加量为 10%的样品外，其余样品的凝胶成像图像均清晰显示存在 *mcrA* 基因。重组质粒扩增曲线及标准曲线如图 8-17 所示，标准曲线方程为：$Cq=-3.428\log(q)+34.868$，$R^2=0.999$，满足 q-PCR 分析的基本要求，可较好地反应 DNA 模板的扩增效率。

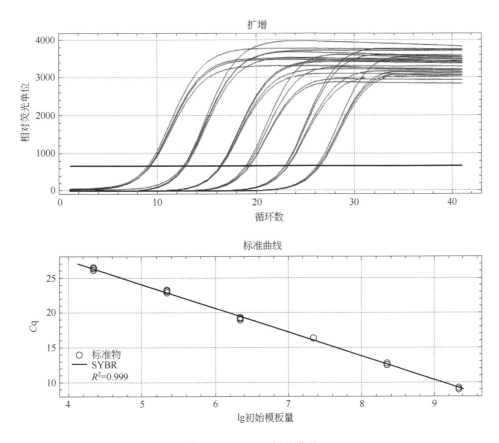

图 8-17　q-PCR 标准曲线

利用 q-PCR 技术对不同工况条件下厌氧消化结束后系统内产甲烷功能基因（*macA*）的数量分布情况进行了研究，结果如表 8-7 所列。样品中基因的拷贝数可以间接反应不同 FPW 投加量对系统内产甲烷菌数量的影响。由该表可知，当 FPW 投加量为 3%时，对应的目的基因拷贝数明显高于其他样品，这与 BMP 测定的甲烷产量的结果（图 8-10）吻合，表明该条件下产甲烷菌数量最高，对应的产甲烷量最大。

表 8-7　不同条件下产甲烷功能基因的 Ct 值

工况条件	Ct 值	基因拷贝数/μL DNA	基因拷贝数/g 干污泥
100%WAS	20.57	5.41×10^3	4.21×10^8
1.5%FPW	21.02	1.24×10^4	3.14×10^8

工况条件	Ct 值	基因拷贝数/μL DNA	基因拷贝数/g 干污泥
3%FPW	17.48	$1.71×10^5$	$3.43×10^9$
6%FPW	23.11	$1.44×10^4$	$7.29×10^7$
10%FPW	26.96	$2.38×10^3$	$5.63×10^6$

8.3.4 微生物群落结构分析

（1）微生物群落多样性和相似性

由 16S rRNA 高通量测序技术对厌氧共消化过程第 37 天的微生物群落特性进行分析。图 8-18 是不同样品的稀释性曲线及丰度值，由该图可知，曲线终点均趋于平缓，表明测序数据量足够大，可以反映样品中绝大多数的微生物多样性信息。α 多样性指标用于评价不同消化条件下的微生物群落多样性。如表 8-8 所列，FPW 投加可以改变微生物群落的丰富度和多样性。对于细菌群落，投加 FPW 后其丰富度指标（包括 OUT 值和 Chao1）均低于控制组，表明 FPW 投加会降低细菌群落的丰富度。类似地，投加 FPW 后古菌群落的丰富度也低于控制组。细菌群落的多样性指数（simpson）随着 FPW 投加量的增加而增大，且高于控制组；而古菌群落的多样性指数随着 FPW 的投加出现先增后减的现象。

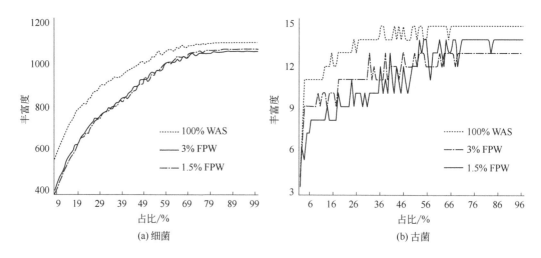

图 8-18　细菌和古菌的稀疏曲线

表 8-8　不同厌氧消化反应器内细菌和古菌群落的丰富度和多样性指标

项目	样品	Reads	OTU	Chao1	Simpson
细菌	100%WAS	57304.0	1089.0	1089.9	0.0363
	1.5%FPW	57304.0	1061.0	1062.6	0.0720
	3%FPW	52381.0	1050.0	1051.4	0.1080

项目	样品	Reads	OTU	Chao1	Simpson
古菌	100%WAS	2036	15	15.5	0.407
	1.5%FPW	865	14	22.0	0.434
	3%FPW	821	13	13.0	0.303

β 多样性指标用于评价不同样本间微生物群落的差异，如图 8-19 所示。图 8-19 (a)、(b) 分别是不同条件下细菌及古菌群落基于欧氏距离计算得到的 PCA 分析结果图，由该图可知，空白组及试验组样品中的细菌群落被 PC2 及 PC1 区分，各自占比分别为 25% 和 62.3%；类似地，空白组及试验组样品中的古菌群落被 PC2 和 PC1 区分，各自占比分别为 23% 和 68.3%。图 8-19 (c)、(d) 是基于 bray-curtis 指数的聚类分析及 NMDS 分析，这些结果表明投加 FPW 后微生物群落多样性相比空白组发生了很大变化，而投加 1.5% 和 3% 的样品其微生物群落多样性相似度较高。

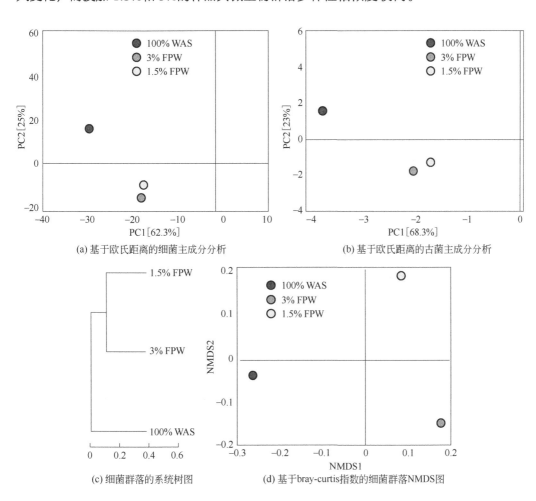

(a) 基于欧氏距离的细菌主成分分析

(b) 基于欧氏距离的古菌主成分分析

(c) 细菌群落的系统树图

(d) 基于bray-curtis指数的细菌群落NMDS图

图 8-19　微生物群落的 β 多样性指标

171

第8章　厌氧共消化工艺处理有机固体废物

（2）细菌及古菌群落特性

在厌氧消化过程中，产甲烷路径包括乙酸发酵型产甲烷、氢营养型产甲烷及甲基营养型产甲烷三类。通过微生物群落结构分析可以确定在厌氧消化过程中的产甲烷路径及发挥主要作用的微生物。在厌氧共消化的第 37 天，通过 16S rRNA 测序技术对不同工况条件下样品的微生物群落结构进行分析，其结果如图 8-20 所示（彩图见书后）。图 8-20（a）是门水平的细菌群落结构，由该图可知，投加 FPW 后细菌群落结构发生了很大改变。在空白组，变形菌门 Proteobacteria（18.7%），绿弯菌门 Chloroflexi（16.3%），螺旋体门 Spirochaetes（11.9%），酸杆菌门 Acidobacteria（18.2%）和 Cloacimonetes（11.2%）是主要门类；投加 FPW 后，厚壁菌门 Firmicutes 和拟杆菌门 Bacteroidetes 成为主导门类，其在细菌群落的累计占比超过 66.7%，这两类细菌是许多生物质厌氧消化过程的主要微生物门类[31,32]。在厌氧消化系统中，Firmicutes 可以高效降解各种有机物，包括脂类、蛋白质和纤维素等，其相对丰度的增加可能与系统内投加了大量脂类和蛋白质有关；Bacteroidetes 可以合成各种水解酶从而将各种复杂有机物降解生成乙酸作为终产物。另外，投加 FPW 后的反应器内互养菌门 Synergistetes 的相对丰度从空白组的 0.7% 分别增加至投加 1.5%FPW 时的 3.2% 和投加 3%FPW 时的 4.0%。

图 8-20（b）所示是细菌群落中占比最高的 15 个属类。在控制组，*Candidates_Cloacimona*（11.1%）是占比最高的属类，但投加 FPW 后其含量逐渐下降至 0.4%～5.1%。在投加 FPW 的样品中，互营单胞菌属 *Syntrophomonas*（占比 24.1%～37.2%）和 *Petrimonas*（占比 5.9%～19.6%）成为了主要属类。据研究报道，*Syntrophomonas wolfei* 和 *Syntrophomonas zehnderi* 是典型的互养型细菌，当其与氢型产甲烷菌或甲基型产甲烷菌共生时可以氧化 C_4～C_{18} 型 LCFAs[33]。之前的研究表明，在以脂类为基质的厌氧反应器中，*Syntrophomonas* 可以得到高效富集。另外一种乙酸 β-氧化菌即互营杆菌属 *Syntrophobacter* 的相对丰度由控制组的 0.2% 增加到 1.2%（1.5%FPW 投加量）和 0.3%（3%FPW 投加量）。因此在本试验中，消化系统中 *Syntrophomonas* 和 *Syntrophobacter* 的相对丰度增加有利于 VFAs 和 LCFAs 降解，这与 5.2.2 部分中的结果一致。

图 8-20（c）显示，广古菌门 Euryarchaeota 是所有样品中古菌群落的主要门类，它的相对丰度从空白组的 70.9% 逐渐增加到投加 FPW 后的 95%～98.1%。此外，在各系统中，均可以检测到少量泉古菌门 Crenarchaeota（1.2%～25.8%）和 Diapherotrites（0.3%～2.6%）。

如图 8-20（d）所示，*Candidatus_Methanofastidiosum*（58.3%）和 *Candidatus_Methanomethylicus*（25.0%）是空白组内古菌的主要属类；除此以外还可以检测到少量的第七产甲烷古菌属 *Methanomassiliicoccus*（4.77%），甲烷杆菌属 *Methanobacterium*（6.39%）和甲烷短杆菌属 *Methanobrevibacter*（1.38%）。投加 FPW 后，*Methanomassiliicoccus*、*Methanobacterium* 和 *Methanobrevibacter* 的相对丰度显著增加，成为了

古菌群落的主要属类；其中 *Methanobacterium* 和 *Methanobrevibacter* 属于氢营养型产甲烷菌，相比于乙酸发酵型产甲烷菌，它们对环境条件中的高氨氮和高有机负荷有更强的承受力。*Methanomassiliicoccus* 是一类依赖氢气的甲基型产甲烷古菌，其最佳生长温度为 37℃，它可以利用 H_2 将甲胺类物质（甲胺、二甲胺、三甲胺）还原生成甲烷[34]。综合以上分析可知，由 *Methanobacterium*、*Methanobrevibacter* 和 *Methanomassiliicoccus* 分别主导的氢营养型产甲烷和甲基营养型产甲烷是 WAS 和 FPW 厌氧共消化的主要产甲烷路径。

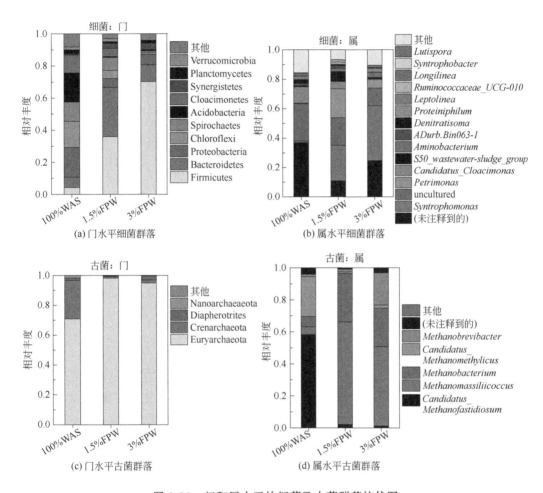

图 8-20　门和属水平的细菌及古菌群落柱状图

图 8-21 所示（彩图见书后）是细菌和古菌在属水平的聚类热图，由该图对细菌和古菌属类的分布特性做进一步分析，由图可知，控制组与试验组的微生物群落分布有较大差异，而不同的 FPW 投加量对细菌群落组成有较大的影响。在控制组，*Candidates_Cloacimona*、*Denitratisoma*、*Leptolinea* 和 *Longilinea* 等属类的相对丰度最高；投加 FPW 后，这些属类的相对丰度降低，而互营单胞菌属 *Syntrophomonas*

和互营杆菌属 *Syntrophobacter* 成为优势菌属。对于古菌属类，在控制组占据主导地位的是 *Candidatus_Methanofastidiosum* 和 *Candidatus_Methanomethylicus*，投加 FPW 后，氢型和甲基型产甲烷菌（*Methanobacterium*、*Methanobrevibacter* 和 *Methanomassiliicoccus*）成为优势菌属。

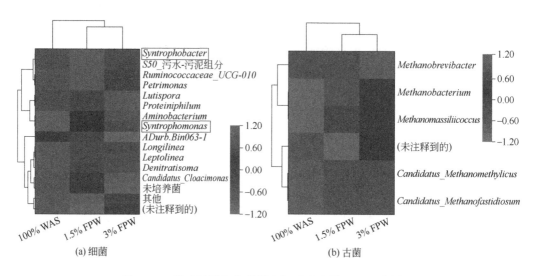

图 8-21　基于细菌和古菌属类相对丰度的双层系统树图

8.4
应用实例

上海世博会配套工程"上海白龙港污泥处理工程"是目前亚洲最大的污泥处理工程，采用厌氧消化法对污泥进行无害化、稳定化处理。主体工程为 8 座单体容积为 1.24 万立方米的蛋形消化池。该工程设计日处理能力为 204t 干污泥。干污泥外运可作为园林绿化介质土或垃圾填埋场覆盖土进行资源化利用。厌氧消化的副产物是沼气，燃烧后可用于发电及消化池保温。相对于焚烧发电而言，厌氧消化法处理污泥具有单位能耗低、资源化利用率高等优点。但是该项目也显示出生化法的缺点：一是占地面积巨大，该项目占地面积最大的部分包括 8 个巨型消化池，而且只是对污泥进行了稳定化和无害化处理，还需其他配套设备对污泥进行进一步干化处理；二是整个系统设备复杂，初期投资大（据悉，项目总投资约 6.8 亿元），维护成本高。造成这种后果的直接原因是生化法的反应速度太慢，一般需 20～40d，因此，必须建设大型的消化池对污泥进行缓冲或者采用其他技术进行联合处理[35]。

8.5
启示及待解决的问题

适量的鱼类加工固废作为共基质与剩余污泥进行厌氧共消化可以显著提高产甲烷效果，这为鱼类加工固废的资源化处理处置提供了新思路。但是该工艺的推广应用还存在以下问题：

① 西方许多发达国家不允许有机固体废弃物进行混合处理，因此目前该技术仅能在发展中国家如中国、印度等进行尝试推广；

② 虽然本试验的产甲烷效果较好，但是鱼类加工固废的处理量十分有限，当其投加量超过一定值后系统的产甲烷效果会急剧恶化，因此需要采用其他措施，在进一步提高甲烷产量的前提下可以增大 FPW 的投加量，例如采取投加吸附剂、$CaCl_2$ 或脂肪分解酶等措施；

③ 鱼类加工固废是极易腐败的有机固废，运输到污水处理厂后需要尽快处理，而这些加工固废的分拣、运输、磨碎等费用也需要考虑。

参考文献

[1] Elalami D, Carrere H, Monlau F, et al. Pretreatment and co-digestion of wastewater sludge for biogas production: Recent research advances and trends [J]. Renewable and Sustainable Energy Reviews, 2019, 114: 109287.

[2] Kainthola J, Kalamdhad A S, Goud V V. Enhanced methane production from anaerobic co-digestion of rice straw and hydrilla verticillata and its kinetic analysis [J]. Biomass & Bioenergy, 2019, 125: 8-16.

[3] Grosser A, Neczaj E, Singh B R, et al. Anaerobic digestion of sewage sludge with grease trap sludge and municipal solid waste as co-substrates [J]. Environmental Research, 2017, 155: 249-260.

[4] Arif S, Liaquat R, Adil M. Applications of materials as additives in anaerobic digestion technology [J]. Renewable and Sustainable Energy Reviews, 2018, 97: 354-366.

[5] Borowski S, Weatherley L. Co-digestion of solid poultry manure with municipal sewage sludge [J]. Bioresource Technology, 2013, 142: 345-352.

[6] Lee W, Park S, Cui F H, et al. Optimizing pre-treatment conditions for anaerobic co-digestion of food waste and sewage sludge [J]. Journal of Environmental Management, 2019, 249: 109397-109397.

[7] Tao Z, Wang D B, Yao F B, et al. The effects of thiosulfinates on methane production from anaerobic codigestion of waste activated sludge and food waste and mitigate method [J]. Journal of Hazardous Materials, 2020, 384: 121363.

[8] FAO. The state of world fisheries and aquaculture 2016 [R]. Rome: Food and Agriculture Organization of the United Nations, 2018.

[9] Mo W Y, Man Y B, Wong M H. Use of food waste, fish waste and food processing waste for China's aquaculture industry: Needs and challenge [J]. Science of the Total Environment, 2018, 613: 635-643.

[10] Letelier-Gordo C O, Larsen B K, Dalsgaard J, et al. The composition of readily available carbon sources produced by fermentation of fish faeces is affected by dietary protein: Energy ratios [J]. Aquacultural

Engineering, 2017, 77: 27-32.

[11] Khiari Z, Kaluthota S, Savidov N. Aerobic bioconversion of aquaculture solid waste into liquid fertilizer: Effects of bioprocess parameters on kinetics of nitrogen mineralization [J]. Aquaculture, 2019, 500: 492-499.

[12] Mirzoyan N, Tal Y, Gross A. Anaerobic digestion of sludge from intensive recirculating aquaculture systems: Review [J]. Aquaculture, 2010, 306 (1): 1-6.

[13] Serrano A, Siles J A, Chica A F, et al. Agri-food waste valorization through anaerobic co-digestion: Fish and strawberry residues [J]. Journal of Cleaner Production, 2013, 54: 125-132.

[14] Gao M T, Hirata M, Toorisaka E, et al. Acid-hydrolysis of fish wastes for lactic acid fermentation [J]. Bioresource Technology, 2006, 97: 2414-2420.

[15] Saidi R, Liebgott P P, Hamdi M, et al. Enhancement of fermentative hydrogen production by *Thermotoga maritima* through hyperthermophilic anaerobic co-digestion of fruit-vegetable and fish wastes [J]. International Journal of Hydrogen Energy, 2018, 43: 23168-23177.

[16] Solli L, Horn S J. Process performance and population dynamics of ammonium tolerant microorganisms during co-digestion of fish waste and manure [J]. Renewable Energy, 2018, 125: 529-536.

[17] Jayathilakan K, Sultana K, Radhakrishna K, et al. Utilization of byproducts and waste materials from meat, poultry and fish processing industries: A review [J]. Journal of Food Science and Technology, 2012, 49 (3): 278-293.

[18] Ivanovs K, Spalvins K, Blumberga D. Approach for modeling anaerobic digestion processes of fish waste [J]. Energy Procedia, 2018, 147: 390-396.

[19] Md Abu Hanifa J, Sang H P, Chayanee C, et al. Effect of different microbial seeds on batch anaerobic digestion of fish waste [J]. Bioresource Technology, 2022, 349: 126834.

[20] Wang D B, Huang Y X, Xu Q X, et al. Free ammonia aids ultrasound pretreatment to enhance short-chain fatty acids production from waste activated sludge [J]. Bioresource Technology, 2019, 275: 163-171.

[21] Abelleira-Pereira J M, Perez-Elvira S I, Sanchez-Oneto J, et al. Enhancement of methane production in mesophilic anaerobic digestion of secondary sewage sludge by advanced thermal hydrolysis pretreatment [J]. Water Research, 2015, 71: 330-340.

[22] Casado A G, Hernandez E J A, Espinosa P, et al. Determination of total fatty acids (C_8—C_{22}) in sludges by gas chromatography-mass spectrometry [J]. Journal of Chromatography A, 1998, 826 (1): 49-56.

[23] 张静. 餐厨垃圾厌氧消化产甲烷因素优化以及相应微生物群落结构解析 [D]. 武汉: 武汉大学, 2017.

[24] Villamil J A, Mohedano A F, Rodriguez J J, et al. Anaerobic co-digestion of the aqueous phase from hydrothermally treated waste activated sludge with primary sewage sludge. A kinetic study [J]. Journal of Environmental Management, 2019, 231: 726-733.

[25] 李建昌, 孙可伟, 何娟, 等. 应用 Modified Gompertz 模型对城市生活垃圾沼气发酵的拟合研究 [J]. 环境科学, 2011, 32 (6): 1843-1850.

[26] Kouas M, Torrijos M, Sousbie P, et al. Modeling the anaerobic co-digestion of solid waste: From batch to semi-continuous simulation [J]. Bioresource Technology, 2019, 274: 33-42.

[27] Grosser A, Neczaj E. Sewage sludge and fat rich materials co-digestion—Performance and energy potential [J]. Journal of Cleaner Production, 2018, 198: 1076-1089.

[28] Palatsi J, Laureni M, Andrés M V, et al. Strategies for recovering inhibition caused by long chain fatty acids on anaerobic thermophilic biogas reactors [J]. Bioresource Technology, 2009, 100 (20): 4588-4596.

[29] Sun C Y, Liu F, Song Z W, et al. Feasibility of dry anaerobic digestion of beer lees for methane production and biochar enhanced performance at mesophilic and thermophilic temperature [J]. Bioresource Technology, 2019, 276: 65-73.

[30] Chan P C, Toledo R A, Shim H. Anaerobic co-digestion of food waste and domestic wastewater—Effect of intermittent feeding on short and long chain fatty acids accumulation [J]. Renewable Energy, 2018,

124: 129-135.

[31] Park J G, Lee B, Park H R, et al. Long-term evaluation of methane production in a bio-electrochemical anaerobic digestion reactor according to the organic loading rate [J]. Bioresource Technology, 2019, 273: 478-486.

[32] Zhao L, Ji Y, Sun P Z, et al. Effects of individual and combined zinc oxide nanoparticle, norfloxacin, and sulfamethazine contamination on sludge anaerobic digestion [J]. Bioresource Technology, 2019, 273: 454-461.

[33] Wandera S M, Westerholm M, Qiao W, et al. The correlation of methanogenic communities' dynamics and process performance of anaerobic digestion of thermal hydrolyzed sludge at short hydraulic retention times [J]. Bioresource Technolpgy, 2019, 272: 180-187.

[34] 张坚超, 徐镱钦, 陆雅海. 陆地生态系统甲烷产生和氧化过程的微生物机理 [J]. 生态学报, 2015, 35 (20): 6592-6603.

[35] 刘建辉. 国内城市污泥处理处置现状及辐射技术在该领域中的机遇分析 [C] // 全国辐射加工行业第二届青年创新论坛论文集. 北京: 中国同位素与辐射行业协会, 2010.

第9章

有机固体废物处理及资源化技术典型案例

▲热水解和厌氧消化工艺典型案例

▲超高温好氧发酵工艺典型案例

▲电离辐射技术典型案例

9.1
热水解和厌氧消化工艺典型案例

9.1.1 武汉某污水厂污泥高温热水解联合厌氧消化处理

（1）项目介绍

武汉某大型污水处理厂建有 2 座厌氧消化罐，单座最大内径为 26m，总高 48.2m，有效容积 13900m³，如图 9-1 所示。运行初期只对剩余污泥进行机械脱水后便进行厌氧消化处理，消化时间为 25d，温度约 35℃，有机物分解率约 50%，污泥处理存在的问题包括以下几点：第一，受机械脱水能力所限，消化前污泥含水率较高（约 80%），故污泥的减量化程度较低，泥量较大，给储存、处理、运输等环节造成极大困难。第二，稳定化和无害化处理程度低，污泥虽经过了中温厌氧消化处理，但由于该过程没有达到完全降解，因此污泥在填埋过程中依然存在稳定化降解过程。脱水污泥直接进入环境后发生物理、化学和生物变化，有害微生物及细菌繁殖，对环境造成较严重的污染。第三，污泥处置未资源化，该污水处理厂污泥虽具有一定的肥效和热值，但都未进行任何形式的利用，导致资源浪费。第四，处置方式单一，污泥消纳系统抗风险能力较低，该厂的消化污泥采用简单填埋方式，污染环境且占地面积大，一旦填埋库容不足，超过 100m³/d 的污泥将给环境带来严重危害。

图 9-1 武汉某污水处理厂厌氧消化罐

针对以上问题,该污水厂对污泥处理工艺进行了改造。改造后采用热干化工艺,主要处理该污水厂含水率为 96%的混合污泥和附近另一座污水厂含水率为 80%的脱水污泥。污泥处理工艺流程(包括改造前工艺流程)见图 9-2。本工程采用"高温热水解预处理+高浓度中温厌氧消化"的高级厌氧消化工艺路线,在原有污泥处理设施的基础上对离心脱水机房进行了扩建,新建了污泥高温热水解系统、板框压滤机房和污泥低温干燥设备[1]。

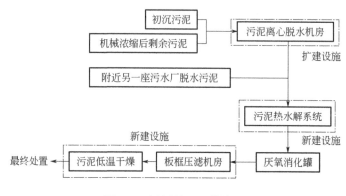

图 9-2　污泥处理工艺流程

(2)主要处理构筑物

1)高温热水解系统

污水厂污泥经计量后输送至高温热水解系统,高温热水解工艺采用155~170℃的高温蒸汽对污泥进行蒸煮,使得颗粒污泥溶解,胞外聚合物水解,絮体结构中的氢键被破坏,絮体结构解体,污泥黏度降低,絮体结构中的间隙水被释放出来,为后续污泥减量化创造了条件;同时在高温和 0.7MPa 高压下所有病原菌被杀灭,完全满足灭菌要求,是无害化处理技术中环保标准最高和技术最领先的方式。污泥中的有机质在高温热水解系统内快速水解成为乙酸、丁酸等小分子有机物,为厌氧消化阶段积累大量可发酵物质。进泥绝干量为 70t/d,含水率为 87.3%,体积为 551m³/d;出泥绝干量为 70t/d,含水率为 88.8%,体积为 625m³/d。

2)高浓度中温厌氧消化系统

高温热水解后的物料进入厌氧消化罐内,厌氧消化的底物浓度为 8%~12%,在适宜的温度(33~35℃)和pH值(6~8)条件下,污泥中可厌氧降解的有机物分解为沼气和水。厌氧消化产生的沼气经脱水脱硫处理后,一部分进入沼气锅炉,为热水解系统提供高温蒸汽;富余部分直接输送至周边企业进行利用。该系统进泥为高温热水解系统的出泥,出泥绝干量为 53t/d,含水率为 91.3%,体积为 605m³/d。

3)低能耗高干度脱水系统

厌氧消化后的污泥进入新建的低能耗高干度脱水系统。该系统集成了脱水物料改性、脱水机理参数优化、脱水药剂优选等先进综合技术,采用先进的板框脱水机

典型有机固体废物高效处理处置与资源化

脱水，使含固率一次性提高到 45%～50%，大幅降低脱水后污泥深度干燥的能耗。脱水后的滤液回流至污水厂处理达标后排放。该系统进泥为中温厌氧消化系统的出泥，出泥绝干量为 53t/d，含水率为 55%，体积为 117m³/d。

4）低温余热干燥系统

本工程充分利用了系统产生的低温余热，对脱水后的沼渣进行余热干燥。该干化系统对全场热量进行最佳梯级回收，使系统输入热量得到最大程度的综合利用，实现热量综合平衡，系统余热利用量占整个沼渣干燥需热量的 80%～90%。同时辅以太阳能提供热量，实现了干燥程度的大幅度提高。进泥为高干度脱水系统的出泥，出泥绝干量为 53t/d，含水率为 40%，体积为 88m³/d。

（3）污泥处理工艺改造前后效果分析

1）改造前后厌氧消化效果比较

改造前常规厌氧消化与改造后热水解预处理+高浓度中温厌氧消化工艺运行效果对比见表 9-1。可以看出，高温热水解预处理后厌氧消化污泥的含固率由 3%～5% 提高到 8%～12%，从而将厌氧消化的容积负荷率提高到传统厌氧消化的 2 倍以上，厌氧消化反应器的体积将为传统厌氧消化的 1/2。消化后脱水污泥的含固量由 20% 提高到 45%～50%，干化需蒸发的水分降低了 42.8%，污泥干化的能耗降低了 42.8%。可见，高温热水解预处理厌氧消化工艺的系统效率是传统厌氧消化的 2 倍。高温热水解厌氧消化工艺中有机物的降解率由 30%～40%提高到 50%～65%，重金属中稳定态的比例由 20%～30%提高到 84%～98%。

表 9-1 常规厌氧消化与高级厌氧消化对比

项目	高级厌氧消化	常规厌氧消化	高温热水解预处理厌氧消化的优点
污泥停留时间/d	18～20	25	停留时间缩短，消化池体积减小，投资降低
固体投配浓度/%	8～12	3～5	进料浓度增大，减小了消化罐体积，节省投资
沼气含量/%	65～68	60～65	沼气中 H_2S 含量低，甲烷含量高，节省了脱硫脱碳系统投资
沼气产量	高	一般	污泥处置副产品增加，产生了更多清洁能源
VS 降解率/%	50～65	30～40	实现了污泥多减量 50%
消化后脱水污泥含固率/%	45～50	20	泥饼含固率提高，节省了干化工艺能耗
重金属形态	稳定态的硫化物，残渣态占 84%～98%	游离态为主，稳定态比例为 20%～30%	重金属大部分为稳定态，大大提高了生物炭土壤利用的安全性
H_2S 含量/（mg/L）	30～70	2000～5000	含量极低，消化污泥基本无臭味

2）改造前后沼气产能对比

污泥处理厂运行监测结果表明，改造前沼气产量为 1100m³/d，改造后为 13300m³/d。

改造后沼气产量大幅增加，加上该工程先进高效的热能梯级利用措施，产生的沼气不仅完全满足项目自身供热需求（系统自身需用沼气 8000～13000m³/d），还有一定的余量，降低了运行费用。

综上可以看出，该污水处理厂通过对原有污泥处理工艺进行改造，增加了高温热水解预处理系统，后续的厌氧消化效率得到了极大的提高，辅以高干度脱水系统和低温余热干燥系统，取得了污泥的无害化、稳定化、减量化效果；沼气产量的极大提高满足了污泥处理厂自身的供热需求，降低了运行费用，实现了污泥的资源化利用。

9.1.2 北京某污水厂污泥高温热水解联合厌氧消化处理

该污水厂投产初期污泥处理采用常规浓缩→消化→脱水工艺，随着污泥产量的不断加大，面临无扩建用地、污泥难以脱水、能源赤字和存在安全隐患等问题。改造后决定采取污泥热水解为预处理工艺，处理流程为污泥浓缩→预脱水→热水解→厌氧消化→板框脱水。

（1）热水解厌氧消化工程设计

已有的研究推荐高温热水解最适合的条件为 170℃、反应时间为 30min。结合消化池改造受限、用地受限及运行稳定性等因素考虑，热水解进泥含固率在 12%～17%较为合理。从实际工程出发，温度越高则操作的危险性越高，确定本工程的设计温度为 150～170℃，反应时间为 30～40min。热水解工艺设计参数如表 9-2 所列。改造后消化池的进泥含水率为 92%，消化池温度为 40～41℃，水力停留时间为 21d，利用现况沼气搅拌系统搅拌，改造前、后设计参数对比见表 9-3[2]。

表 9-2　热水解工艺设计参数

项目	含固率/%	温度/℃	反应压力/MPa	反应时间/min
参数	12～17	150～170	0.6～0.8	30～40

表 9-3　改造前、后厌氧消化工艺设计参数对比

项目	含固率/%	温度/℃	停留时间/d	搅拌方式
改造后	8	40～41	21	沼气搅拌
改造前	4～5	35	25	沼气搅拌

为适应工程建设的需要，需对消化池进行改造，主要内容包括按照热水解工艺的出泥温度进行消化池外保温措施的更换，对进、出泥管道和原加热系统进行改造等。污泥热水解系统由三部分组成，包括污泥缓存料仓间、热水解单元以及热交换车间。污泥缓存料仓间内布置污泥料仓 4 座，有效容积为 300m³，3 用 1 备，配套

典型有机固体废物高效处理处置与资源化

破拱滑架、液压动力站等，其中一套污泥料仓用于储存峰值污泥；出泥螺杆泵流量≥20m³/h，扬程为1.2MPa，共6台（3用3备），置于料仓底部；污泥缓存料仓用来接收现况大脱水机房处理后的含水率为83.5%的预脱水污泥，经料仓缓存后的污泥通过出泥螺杆泵送入热水解单元。

热水解单元内布置3条热水解处理线，单条线热水解正常处理能力为60tDS/d，生产线内每台反应器分批处理，一个完整的周期持续120~165min，所有的反应器有完全相同的功能，其运行彼此依赖；处理后的污泥经热水解出泥泵送入热交换车间。热交换车间为对热水解后高温污泥进行冷却以及稀释的构筑物。车间内主要布置一次热交换器及冷却水换热器，如图9-3所示。一次热交换器功率为920kW，流量为37.9m³/h，10%热污泥T_{in}=85.9℃，pH值为4.5~5.5；冷却水流量为40~60m³/h，软化水T_{in}=32℃，pH值为6.5~7.5。冷却水换热器功率为1890kW，冷侧温度为25℃；热侧流量为40~60m³/h，进水温度为59℃，冷却后温度为32℃。经冷却和稀释后，将含水率为92%、温度在53℃左右的污泥送入消化池进行厌氧消化。

图9-3 热交换器换热示意图

（2）热水解厌氧消化设计处理效果

本次泥区改造工程设计泥量为180t DS/d，工艺流程采用"浓缩→预脱水→热水解→厌氧消化→板框脱水"。经此泥区工艺处理后，消化池设计沼气产量为(3.4~5.6)×10⁴m³/d，有机物分解率为55%~70%。综合来看，热水解厌氧消化工艺具有以下优点：

① 工艺成熟稳定，设计简洁，有效利用现有处理设备，并能增强其处理能力，节省投资；

② 提高污泥的厌氧消化性能，有机物转化率高，消化罐进料浓度高，停留时间短，所需消化罐体积小；

③ 可以获得无臭味、无病原菌、含固率高的最终产品，热水解预处理能够彻底杀灭各种病原菌，实现最终固体的完全安全化；

④ 提高污泥的脱水性能，消化后脱水容易，含固率最高可达35%；

⑤ 增加沼气产量，且沼气质量高，产生的能源不仅可满足自身消耗，且可获得质量较高的剩余能源物质；

⑥ 符合低碳经济，消化后生物固体可以直接处置，如绿化生态利用等，并充分利用其中的营养物质（包括磷和植物生长需要的微量元素），作为替代方案，采用干化达到一定的含水率，干化生物固体用作他用。

但同时，也应该看到如下问题：

① 热水解工艺设备、管路复杂，对于自控系统要求高，运行操作较为复杂，较传统消化工艺流程相对加长。

② 经热水解后，厌氧消化液中 COD 和氨氮浓度较高，若直接回流至污水处理厂前端将引起进水中污染物浓度的提高，尤其是 TN 和 NH_3-N 浓度的升高，因此需考虑建设消化液独立处理设施。

③ 经热水解处理后的污泥需经过冷却后才能进入现况的消化池进行厌氧消化，所以，通常需设置冷却塔或交换器对热水解后的污泥进行冷却降温，但其冷却交换后的热量属于低热量源，难以回收再利用。

9.1.3 杭州天子岭餐厨垃圾厌氧消化产沼项目

（1）工艺流程

1）概述

项目位于杭州市天子岭静脉小镇内，采用江苏维尔利环保科技股份有限公司的餐厨垃圾预处理技术和杭州能源环境工程有限公司的厌氧消化制沼技术，设计"预处理+厌氧消化+沼气净化发电+沼渣脱水处置"工艺路线，日处理餐厨垃圾 200t，平均日产沼气 13500m³，沼气脱硫净化后用于热电联产。项目工艺流程如图 9-4 所示[3]。

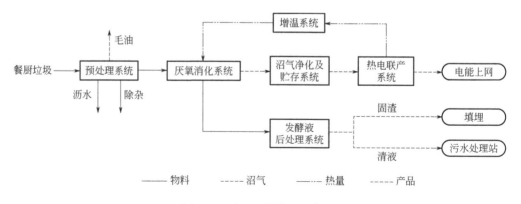

图 9-4　项目工艺流程示意图

运输至项目场地的餐厨垃圾首先经物料接收料斗进入预处理系统，预处理后的物料浆液泵入厌氧消化系统，进行中温厌氧消化，所产沼气经生物脱硫净化后用于热电联产，电能并网，余热用作系统增温，发酵液经固液分离后，废液进入污水处理站，固渣外运填埋。

2）预处理

项目原料来自杭州市餐饮企业所产生的餐厨垃圾，其原料性质如表 9-4 所列。针对本项目餐厨垃圾的特点，采用江苏维尔利环保科技股份有限公司自主研发的餐厨垃圾预处理系统，其工艺流程如图 9-5 所示。

表 9-4 餐厨垃圾原料性质

项目	指标
含水率/%	82.5
油分/%	3
总固体/%	14.5
灰分/%	2.9
有机质/%	11
塑料等大件物料/%	0.6
容重/（kg/m³）	1010

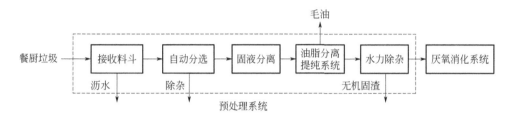

图 9-5　预处理系统工艺流程

餐厨垃圾首先进入接收料斗，料斗底部设置双螺旋给料机，可对物料进行沥水和初步分选，之后物料输送至自动分选系统，除去餐厨垃圾中的大部分杂质，经过自动分选打浆作用后，物料呈浆料状，对分选后浆料加热增温后进行固液分离，之后进入油脂回收提纯系统，回收毛油纯度可达到 98% 以上，提油后液体进入厌氧消化系统，杂质及废渣外运处理。预处理系统对餐厨垃圾的处理效果及预处理后的物料性质见表 9-5。

表 9-5　预处理效果及预处理后物料性质

指标	预处理效果			预处理后物料性质			
	油脂回收率/%	塑料、金属等杂物/%	废渣/%	pH 值	TS/%	VS/%	COD/（mg/L）
数值①	83.3	1.6	15.0	3.9	8.2	85	169535

① 为百日平均值。

3）厌氧消化工艺及关键技术设备

项目采用 CSTR（continuous stirred tank reactor）中温发酵工艺，其流程如图 9-6 所示。该工艺流程中，CSTR 厌氧反应器内微生物浓度高，耐冲击负荷能力强；采用双折边咬合罐成型技术，施工周期短；罐体采用碳钢防腐，耐腐蚀。高效节能搅拌机采用"双桨叶"设计，有效避免浮渣和结壳；专利技术水封设计，保证气密性，同时避免了机械密封易损坏、更换困难的缺点；低能耗运行，装机容量小于 5W/m³ 反应器容积。厌氧循环系统包含出料装置、微生物分离装置、微生物富集装置和回流装置，通过物料循环提高厌氧反应器内微生物的浓度，提高容积负荷和耐冲击负荷的能力。厌氧消化工艺参数如表 9-6 所列。

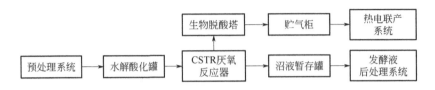

图 9-6　厌氧消化系统工艺流程

表 9-6　厌氧消化工艺参数表

指标	数值
温度①/℃	36.6±0.7
进料 TS①/%	8.2
CSTR 厌氧反应器有效容积/m³	3800×2
容积负荷①/［kgCOD/（m³·d）］	3.5
水力停留时间 HRT/d	27
沼气产量①/（m³/d）	13500
容积产气率①/（m³/m³）	1.7
VS 产气率①/（m³/tVS）	882

① 为百日平均值。

（2）厌氧系统运行状况

1）厌氧消化过程 VS 降解

由图 9-7 可见，厌氧消化系统稳定运行后，其进料 VS 浓度范围为 76.6%～91.1%，平均值 85.0%±2.6%；出料 VS 浓度范围为 47.0%～56.9%，平均值为 50.6%±1.9%，据此计算，厌氧消化过程对 VS 的平均降解率为 40.4%，其厌氧消化餐厨垃圾的 VS 降解率分为 39.6%（TS 发酵浓度 25%）和 40.0%（TS 发酵浓度 5%）。

2）厌氧消化过程 COD 降解

由图 9-8 可见，虽然厌氧系统进料 COD 浓度波动较大（132125～237625mg/L），但厌氧消化系统运行期间对 COD 的去除效果相对较稳定，平均出料 COD 浓度为（21921±1771）mg/L，COD 的平均降解率为 86.9%±1.9%。

3）沼气产量及甲烷浓度

由图 9-9 可见，运行期间沼气产量有一定波动，变化范围为（11945～14321）m³/d，这主要受进料情况的影响。沼气产量的平均值为（13500±538）m³/d，平均沼气产率 882m³/t VS。厌氧消化产生的沼气中 CH_4 浓度相对较稳定，变化范围为 53.0%～74.0%，平均浓度为 61.7%±3.9%，平均 CH_4 产率为 544m³/t VS。CH_4 浓度的变化主要是由餐厨垃圾原料组分种类及不同组分的比例变化引起。

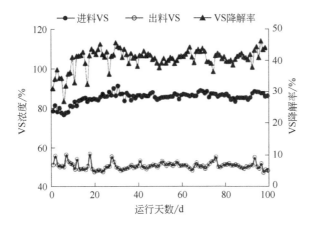

图 9-7　厌氧消化过程中 VS 降解情况[3]

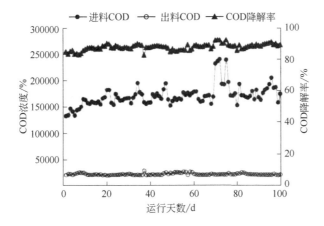

图 9-8　厌氧消化过程中 COD 降解情况[3]

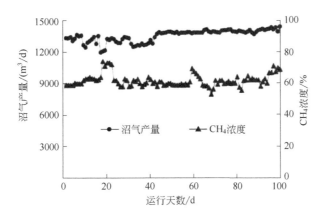

图 9-9　厌氧消化过程中沼气产量及 CH₄ 浓度[3]

4）厌氧消化过程中 pH 值的变化

如图 9-10 所示，CSTR 厌氧罐平均进料 pH 值为 3.9±0.3，平均出料 pH 值为7.8±0.5，出料 pH 值相对稳定。产甲烷菌对 pH 值变化敏感，适宜生长的最佳 pH值范围为 6.5～7.8。厌氧罐内适宜的 pH 值保证厌氧消化过程有较高的产气率。

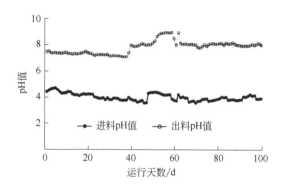

图 9-10　运行期间进出料 pH 值的变化情况[3]

5）沼气脱硫净化和贮存

厌氧消化产生的沼气［平均 H_2S 含量（2633.6±695.0）mg/m^3］通入高效生物脱硫系统进行脱硫净化，依靠硫杆菌和丝硫菌属在新陈代谢过程中吸收 H_2S 并将其转化为硫单质或硫酸。本工艺运行成本低，脱硫运行成本包含药剂费和电费（标况下）为 0.024 元/米 ^{3}，对 H_2S 的去除效率高，平均脱硫效率 93.0%±3.7%，见图 9-11。经生物脱硫后，沼气中 H_2S 的浓度为（175.3±85.2）mg/m^3，满足后续热电联产气发电机组对沼气组分的要求（≤300mg/m^3）。沼气脱硫净化后，暂存于 1200m^3 的双膜球形干式贮气柜中，之后用于热电联产单元。

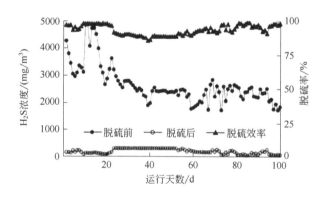

图 9-11　生物脱硫系统对沼气中 H_2S 的去除效果[3]

（3）项目产品和效益

1）产品

本项目的主要产品有沼气和毛油，其中沼气产量 13500m^3/d，年产 472.5×

10^4m^3；项目预处理系统油脂回收率为83.3%，每天可回收5t毛油，可用于工业油脂原料或进一步加工生产生物柴油。厌氧发酵后残余物经固液分离后，废液与天子岭填埋场渗滤液一起进入污水处理系统，固渣（含水率低于60%）直接在天子岭垃圾填埋场填埋处理。

2）效益

本项目所产生的效益主要有环境效益、社会效益和经济效益。环境效益方面，项目年处理餐厨垃圾7万吨，碳减排5.4万吨CO_2当量每年，可有效避免温室气体排放；项目每天减少5t"地沟油"的产生，同时有效减少"泔水猪""垃圾猪"的出现，保障餐桌安全，具有极高的社会效益；另外，目前毛油市场价格3200元/吨，毛油产量5t/d，日收益1.6万元。

9.2
超高温好氧发酵工艺典型案例

9.2.1 厦门某餐厨垃圾超高温好氧发酵处理

（1）原料

原料包含26t餐厨垃圾、20t市政污泥、35t树叶、120t超高温菌种，所得混合原料共201t，含水率约为43%。餐厨垃圾、污泥、泥菌混合物的初始碳氮比为25.24，在加入树叶后上升至27.26。超高温菌种取自温泉周围，为混合菌种，在实验室进行驯化，最低活化温度为60℃，最适生长温度约为80℃，最高存活温度可达115℃[4]。

（2）实验步骤

将含水率高的餐厨垃圾、带有超高温菌的泥菌和其他辅料（树叶和污泥）按上述比例混合，进行好氧发酵，槽底部预埋管道进行打氧曝气，发酵期间进行6次翻槽，使其混合均匀，也作为深度加氧的手段，以含水率为指标，当含水率小于28%时堆肥结束。发酵结束之后，取与原始泥菌等质量的堆肥作为下一槽发酵的基质和菌种，循环反复使用；其余部分用筛分机进行筛分，筛上物作为其他垃圾处理，筛下物作为有机肥产品。

实际堆肥过程在厂房中进行。曝气风机风量为840m³/h，因有泄压阀，其效率约为30%，且两个槽共用一台风机，则曝气量约为3024m³/d。每天记录温度变化，每3d左右取样后测定含水率、氮、磷、钾及有机质的质量分数。如果堆肥过程中碳氮比和含水率与经验值相比出现较大偏差则视情况添加树叶。每6～7d进行一次翻槽混合（随着温度的变化适时调整翻槽时间），翻槽过程使用铲车进行操作，将堆肥上、下、左、右颠倒达到均匀混合的目的。

（3）测定方法及计算公式

取 10.0g 肥料加入 50mL 去离子水中搅拌浸提 5min 后过滤，用盐度计测定其含盐率。将肥料用 200mg/kg 碳酸氢钠水溶液搅拌浸提 5min，过滤之后取其上清液，用紫外-可见分光光度计测定其在 465nm 和 665nm 处的吸光度，计算得到二者的比值，即 E_4/E_6 值。假设发酵结束后，肥料成品中各原料的占比不变，则餐厨垃圾质量减少比例（η）按式（9-1）计算：

$$\eta = \left(1 - \frac{m - m_b}{m_c} \times w_c\right) \times 100\% \qquad (9-1)$$

式中 m——肥料成品质量；

m_b——用于下一槽发酵的泥菌质量；

w_c——餐厨垃圾占非菌种原料（即不含泥菌）的质量分数；

m_c——餐厨垃圾的初始质量。

（4）结果与分析

发酵过程维持高温所需要的热量来自超高温菌氧化分解有机物，由于水分的挥发吸热等因素限制，热量不会无限累积，所以温度不会突破嗜超温菌生长温度上限，实际发酵过程中无需担心因温度过高而杀死菌种。相对地，由于堆肥体积巨大，管道曝气无法满足其内部氧气需求，随着发酵进行，内部氧气量的减少会导致发酵效果降低，使其温度小幅下降，此时需要翻槽进行打氧，翻槽过程中由于内部湿热堆肥与空气接触，会产生大量水蒸气，堆肥迅速降温。打氧之后内部氧气充足，发酵温度得到迅速回升。

图 9-12 为发酵过程中堆肥温度和空气湿度的变化曲线，可以看出，堆肥温度从第 3 天开始维持在 60℃以上，其中有 32d 的温度在 80℃以上，有 21d 温度在 90℃以上；空气湿度大时水分蒸发减慢，导致堆肥含水率降幅减小，减少了水分的蒸发热，则对应的堆肥温度维持在一个较高的水平；室温和堆肥温差过大会导致过大的热损失，室温高则相对损失变少，从而使堆肥更容易维持高温。如图 9-13 所示，氮、磷、钾和有机质的质量分数在发酵期间均有小幅波动，从第 7 天开始总体呈下降趋势，主要有两点原因：a. 发酵过程产生氨气，导致氮元素流失；微生物的生物化学作用吸收磷和钾元素，导致其少量减少；有机质由于分解作用下降最快；b. 其波动是因为堆肥过程中堆肥含水率和总质量下降，而氮、磷、钾、有机质质量的下降趋势与其不一致，导致其质量分数出现波动。因为发酵过程中主要是堆肥中水量（含水量）发生变化，在计算质量时，相较于含水量的变化，固相质量的变化忽略不计，经过 38d 堆肥处理，含水率已经降至 26%（表 9-7）；通过翻土斗数代入计算其体积，得到堆肥减容比为 13%，堆肥质量减少约 37%。由于餐厨垃圾占非菌种原料的质量分数为 32%，按式（9-1）计算，餐厨垃圾质量减少了 92.6%，堆肥后含盐率为 1.25%。

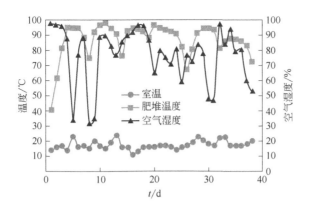

图 9-12　堆肥温度和空气湿度随时间的变化

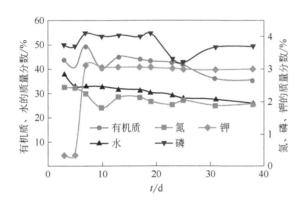

图 9-13　堆肥组分随时间的变化情况

表 9-7　原料及成品的质量和含水率

物质	质量/t	含水率/%
树叶	35	50
餐厨垃圾	26	80
污泥	20	72.3
泥菌	120	28.5
原料总计	201	43
成品	126	26
损失质量	75	

一般认为 E_4/E_6 值体现了肥料的腐殖酸含量，可代表肥料的腐熟度，土壤的 E_4/E_6 值约为 6，则 E_4/E_6 值越靠近 6 的肥料对土壤伤害作用越小。腐熟度不足的肥料 E_4/E_6 值较低，其投入使用后会在土壤中二次发酵，产生的热量会烧伤植物根部，足值的肥料则不会产生此类问题。该研究在堆肥初期 E_4/E_6 值为 1.462，堆肥结束后 E_4/E_6 值为 5.400。堆肥结束后用筛分机进行过筛处理，其中的塑料等包装物由于高温产

生缩聚，边缘发生卷曲现象，变得不易粘连，易于分离。图 9-14（彩图见书后）为超高温好氧发酵前后的对比，可以看出堆肥后堆体明显坍缩，体积大幅缩减，肥料质感干燥，已经能产生扬尘。

(a) 第1天   (b) 第38天

图 9-14　超高温好氧发酵第 1 天和第 38 天的对比图

在本案例中，堆肥全过程所用成本主要包括人力费、鼓风机电费、铲车油费，经计算得到大致处理成本为 220 元/吨，处理能力约为 50t/d（以 40 槽计）。堆肥过程相较于预计的发酵时间（45d）提前 7d 结束，仅用 38d 即达到含水率小于 28%的标准。分析其原因主要有以下几点：a. 餐厨垃圾中含有大量有机质，90%左右的餐厨垃圾均为有机物，较易被微生物降解；b. 其高盐特性恰好符合超高温菌需要高渗透压以维持稳定高温的特性，同时其含有的元素有助于菌体生长发育，这也可能是本研究中有 21d 温度维持在 90℃以上的原因；c. 将碳氮比调节至 25 左右，更符合微生物生长繁殖的环境需要，使其生长繁殖更迅速。

9.2.2　剩余污泥超高温好氧发酵处理

（1）北京顺义污泥再生资源利用工程

该工程采用超高温好氧发酵技术处理顺义生活污水处理厂的脱水污泥（含水率80%），日处理污泥近 600t，可以实现城镇污泥快速生物干化和无害化处置，方便后续资源化利用。初始 80%含水率的污泥经过 15～20d 超高温好氧发酵处理后，可实现生物干化与高温腐熟，腐熟结束时物料含水量在 35%～40%之间，可以生产有机肥用于园林绿化等，符合国家相关标准《城镇污水处理厂污泥处置园林绿化用泥质》（GB/T 23486—2009）。由于我国北方冬季气温低，传统高温堆肥由于室温太低无法启动进行，而超高温好氧发酵技术在室温接近-20℃的条件下仍然运行良好，冬天北京顺义厂中发酵堆体仍然冒出热腾腾的蒸汽（图 9-15）。截至 2017 年 2 月，该工程已累计处理污泥近 40 万吨，减量化达 70%以上。该项目已成为国内城镇污泥大规模、快速、高效处理与资源化利用的示范性工程[5]。

（2）中原环保污泥超高温好氧发酵工程

该工程位于河南省郑州市王新庄污水处理厂，日处理含水率 80%的污泥 50t，采用超高温好氧发酵技术，于 2011 年 8 月建成投产。污泥发酵过程中堆体平均温度在 80℃以上，最高温度可达 95℃，发酵周期 15～20d，产品含水率低于 35%，腐熟度高，发酵过程臭味产生少，相关指标符合《城镇污水处理厂污泥处置园林绿化用泥质》（GB/T 23486—2009）。该项目是超高温好氧发酵技术研发成功后的首个示范项目，并作为 2012 年住建部科技发展促进中心科技成果鉴定的考察现场，稳定运行至今[5]。

(a) 工厂发酵槽　　　(b) 曝气设备　　　(c) 冬季发酵效果　　　(d) 发酵最高温度

图 9-15　北京顺义污泥超高温发酵工程

9.2.3　福建某养殖场猪粪超高温好氧发酵处理

（1）项目概况及工艺流程

福建省某养殖企业主要从事生猪养殖，在养殖过程中会产生大量固体猪粪。根据企业实际情况，采用"原料混合—超高温好氧发酵—腐熟—臭气处理—包装"进行生猪粪便超高温堆肥。本项目日产粪便 10t，粪便成分见表 9-8，经堆肥处理后各项指标满足《有机肥料》（NY/T 525—2021）的要求[6]。项目工艺流程见图 9-16。

表 9-8　养殖企业生猪粪便成分

指标	数值
含水率/%	69.47
总有机碳/（g/kg）	296
全氮/（g/kg）	26.02
总铬/（mg/kg）	1.2
总铜/（mg/kg）	2.8
总锌/（mg/kg）	5.3
总铅/（mg/kg）	1.02

1）工艺流程说明

发酵工序包括 5 个工艺单元，分别为原料混合单元、超高温好氧发酵单元、腐熟单元、臭气处理单元、包装单元。

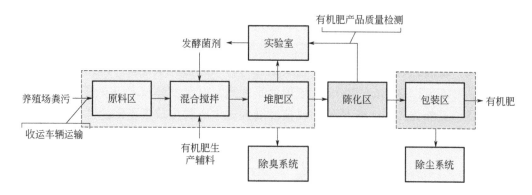

图 9-16　超高温好氧发酵工艺流程

① 原料混合单元。原料混合单元有原料缓存和原辅料混合功能。混合物料含水率控制在 60% 以下，以达到快速升温的条件。原料混料及进料采用装载机混料和进料。为方便操作，需设置返料缓存区。由装载机按配比及一定分层将各原料送至发酵槽进料端，在进料端完成混合。

② 超高温好氧发酵单元。发酵过程主要通过翻抛机和曝气系统设备实现。通过翻抛机的翻拌使发酵物料充分混匀，水分快速挥发，同时发生物料的位移；通过安装在发酵槽底部的曝气系统采取强制通风方式供给氧气，避免发酵过程形成厌氧环境，同时挥发水分。经过 20～30d 的发酵，物料在槽内高度降低至进料时的 1/3～1/2，即可进入腐熟单元。进入腐熟单元由出料移行车和出料皮带机配合完成。发酵槽内布置堆体温度监测探杆，控制发酵状态。

③ 腐熟单元。腐熟的目的：一是使大分子有机物继续缓慢分解，降低堆体温度，使物料趋于稳定，含水率降至 35% 左右；二是缓存作用，以利于后期集中加工生产。

④ 臭气处理单元。超高温好氧发酵过程会产生臭气，主要有氨、硫化氢、甲硫醇、胺类等。臭气处理达标后才能排放，属有组织排放；如未经处理或处理不达标排放，则属无组织排放。臭气处理工艺较多，通常采用酸碱洗涤工艺、生物除臭工艺、光催化氧化工艺，或组合工艺等。优先采用生物除臭工艺，其特点是运行简单、成本低廉、便于扩建。臭气收集基本要求：发酵单元为密闭车间、成微负压环境，车间顶部安装臭气收集管道。

⑤ 包装单元。为符合市场需要，混合后的粉状肥料经自动称量后打包装袋。

2）设计参数

① 原料。猪粪含水率以（80±5）% 计；木屑含水率以 20%～30% 计；干基辅料含水率以 10% 计；功能菌为 UTM 超高温嗜热菌；混合后入槽物料含水率≤60%。

② 发酵时间。发酵工序生产工艺分两个阶段，先进行动态槽式发酵，再进行静态仓式腐熟。发酵周期 20d，腐熟周期 30d。

③ 肥料堆高。采用铲车翻抛，原料堆体堆高设计为 2.5m。

④ 氧气浓度。通过强制通风曝气使堆体内氧气浓度保持在 5% 以上。

⑤ 温度控制。堆体温度≥80℃，持续时间 7d。

⑥ 翻堆频率。采用铲车翻抛，每 3～4d 进行一次。

（2）结果与讨论

1）熟化后指标

经过 60d 的发酵和腐熟后有机肥各项指标见表 9-9。由该表可以看出高温堆肥能够有效将猪粪熟化转化为有机肥并满足相关标准的要求。

表 9-9　有机肥各项目指标及对应标准

检测项目	检测结果	标准
有机质的质量分数（以烘干基计算）/%	46.56	≥30
腐殖酸的质量分数（以烘干基计算）/%	15.37	—
总养分的质量分数（以烘干基计算）/%	5.71	≥4.0
水分/%	23.6	≤30
酸碱度	5.7	5.5～8.5
粪大肠菌群数/（个/g）	阴性	≤100
蛔虫卵死亡率/%	未检出	≥95

注：对应标准为《有机肥料》（NY/T 525—2021）。

2）超高温堆肥对重金属的钝化效果

参照 Tessier 法可将重金属分为可交换态、硝酸盐态、铁锰态、有机态、残渣态。一般认为有机态和残渣态比较稳定不会参与反应，所以本项目将有机态和残渣态作为重金属钝化指标。堆肥前后重金属各形态分布见表 9-10。

表 9-10　堆肥前后重金属有机态、残渣态含量占比　　　单位：%

重金属	形态	堆肥前	堆肥后
铬	有机态	42.78	56.35
	残渣态	16.34	36.29
锌	有机态	35.22	46.48
	残渣态	23.66	45.50
铜	有机态	46.27	55.63
	残渣态	19.34	39.21
铅	有机态	38.29	40.32
	残渣态	16.22	53.77

由表 9-10 可以看出经过堆肥处理，重金属的有机态和残渣态的占比大幅上升，铬、锌、铜、铅的钝化效果为 82%、80.05%、85%、87%。这是由于微生物的吸附

和熟化产生的腐殖酸对重金属起到了一定的钝化作用。

（3）结论

运行结果表明，以猪粪和木屑为主要原料添加干基辅料经过"原料混合—超高温好氧发酵—腐熟—臭气处理—包装"工艺进行的超高温堆肥有机质、腐殖酸、总养分的质量分数（以烘干基计算）达到了 60.83%、51.24%、7.71%，含水率为 23.6%。减少了猪粪中有害物质的含量，对总铬和总铅的钝化效果分别为 82% 和 87%，满足《有机肥料》（NY/T 525—2021）的要求，对生猪养殖企业猪粪处理有一定的参考价值。

9.3
电离辐射技术典型案例

电离辐射技术在环境保护中的应用受到各国法律及政策的严格限制，到目前为止，有过生产性规模运行的污泥电离辐射工程仅存在于国外少数几个国家，可参考的资料多来自 20 年前，甚至更早，近期进展不详。本节将简要介绍世界上第一座规模化污泥辐射技术的运行情况，即德国盖塞尔布莱奇污水处理厂，该厂利用 ^{60}Co-γ 辐照处理剩余污泥，该套装置曾经成功运行了 20 年，后因政策原因关闭。

（1）项目介绍

位于慕尼黑郊外的盖塞尔布莱奇污水处理厂的 γ 辐射装置建于 1973 年，^{60}Co 容量为 11 万居里 [1 居里（ci）=3.7GBq，下同]，辐射剂量 3kGy，每天可处理液状污泥 30m³，1975 年时容量增至 45 万居里，每天可处理污泥 120m³，1980 年，容量达 57 万居里，每天可处理 145m³ 污泥。辐射源的满负荷容量为 65 万居里，最大处理能力 160m³。辐射装置与一个处理 24 万人污水的处理厂设在一处。辐射井和污泥循环用泵房建在地下 8m 处的混凝土制的防护坑里。从消化槽送来的污泥，进入计量装置，每 5.6m³ 辐射一次，一天 24h，自动管理运转，不需要经过特别训练的人员，也不需设置所谓放射线管理区域。辐射井是唯一的管理区域，采用厚 1.8m 的混凝土盖防护，和地面上的遮蔽完整地合在一起。运转开始以来，每年平均运转 349d，只有 16d 由于辐射井的清扫、补充辐射源、维护检修等而停止运转[7]。

（2）辐射的杀菌效果

病原菌的处理一般采用 70℃、30min 加温法。为达到和此处理方法相同的杀菌效果，盖塞尔布莱奇处理厂把辐射剂量定为 3kGy，为使射线均匀照射，采用输送能力为 650m³/h 的泵，把固体含量为 4.5% 的污泥在辐射井内循环 40min。表 9-11 是 γ 射线辐射后的杀菌效果，一般污泥中的细菌数用对数表示，消化前 100g 污泥中的菌数为 10.44，消化后为 7.29，对消化后的污泥进行辐射，菌数减少到 5.7，但把此污泥在干化场上放置 50d，菌数又增到 8.85，未经辐射的污泥，用相同条件放置，菌数与此几乎相同。观察大肠菌的情况，消化前为 8.3，消化后为 6.1，辐射后显著减少至 0.6，即使是经过 50d 存放，菌数仍是 0.4，没有增加。沙门氏菌作为肠道致病菌要特别注意，经 3kGy 的 γ 射线辐射后，菌数从辐射前的 7.8 减少到 6.5，把含有沙门氏菌的污泥，用 6kGy 的剂量照射，杀菌也不会完全，原因是一部分污泥附着在管路的接口和阀门上，循环不均匀。但是，六周后，100g 污泥中的沙门氏菌数均变为阴性了。

表 9-11　辐射的杀菌效果（3kGy）

项目	每 100g 污泥中的细菌数的对数				
	生污泥	消化后			
		辐射前	辐射后		未辐射，干化场 50d 后
			即刻测定	干化场 50d 后	
一般细菌	10.44	7.29	5.70	8.85	8.62
	(25)	(32)	(32)	(20)	(20)
肠内细菌	9.91	6.38	1.2	6.19	7.39
	(25)	(32)	(32)	(20)	(20)
大肠菌	8.3	6.1	0.6	0.4	6.4
	(25)	(32)	(32)	(20)	(20)
肠内球菌	7.8	6.5	4.0	4.1	6.1
	(25)	(32)	(32)	(20)	(20)

注：括号内为样品的采样数。

（3）辐射对污泥过滤性能和沉降性能的促进

表 9-12 为两种污泥在未辐射、辐射后、加温处理情况下的过滤比阻抗，辐射后，两种污泥的比阻抗均变小，过滤性能得到改善。用加温方法杀菌时，比阻抗增大。同时，试验也表明，辐射对离心分离法没有效果。

表 9-12　污泥比阻抗及辐射效果（与加热处理相比）

处理方法	污泥 1	污泥 2
	比阻抗/（s²/g）	比阻抗/（s²/g）
未辐射	24.2×10^9	18.0×10^9
辐射	9.7×10^9	5.6×10^9
加热处理	38.1×10^9	27.4×10^9

（4）施用经辐射污泥的作物生育试验

盖赛尔布莱奇处理厂除进行辐射法杀菌和改善过滤性等的研究外，也研究了辐射污泥在农田上的施用问题。当地研究者把污泥施用于玉米地里，进行了三年的试验，污泥施用量每年 130m³，第一年还做了施用 400m³、600m³ 的试验。每公顷每年施用 130m³ 的地区，不论黏质土、沙质土都有增产的效果。施用 400m³、600m³ 的地区，仅在沙质土上产量增加明显。

参考文献

[1] 晏发春，汪恂，张雷. 高温热水解预处理厌氧消化技术实例分析 [J]. 中国给水排水，2016，32 (18)：35-36.

[2] 杜强强，戴明华，张晏，等. 热水解厌氧消化工艺用于污水厂泥区升级改造 [J]. 中国给水排水，2017，33 (2)：46-50.

[3] 夏芳芳，谭婧，周洋，等. 杭州天子岭餐厨垃圾厌氧消化沼气项目案例研究 [J]. 中国沼气，2018，36 (2)：76-80.

[4] 王新杰，郁昂，黄韦辰，等. 超高温好氧堆肥技术对隔离区餐厨垃圾处理的应用可行性分析 [J]. 厦门大学学报（自然科学版），2020，59 (3)：354-359.

[5] 廖汉鹏，陈志，余震，等. 有机固体废物超高温好氧发酵技术及其工程应用 [J]. 福建农林大学学报（自然科学版），2017，46 (4)：439-444.

[6] 黄钦. 猪粪超高温堆肥工艺设计及效果分析 [J]. 畜牧业环境，2021 (13)：7-8.

[7] 藤本弘. 欧美采用辐射法处理污泥的现状 [J]. 水处理技术，1983，24 (2).

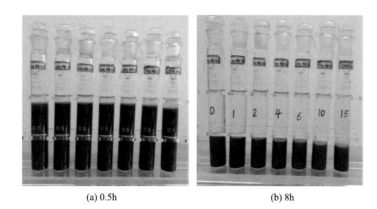

(a) 0.5h   (b) 8h

图 2-1 不同辐射剂量下剩余污泥的静沉表观图像

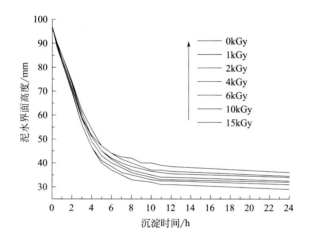

图 2-2 γ射线辐射时剩余污泥的静沉曲线图

图 3-6 鸟粪石晶体形貌图

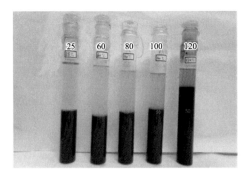
图 4-4 不同热水解温度条件下的污泥表观图

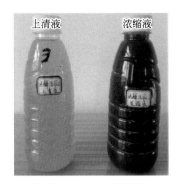
图 4-17 热水解污泥上清液及浓缩液表观图像

图 4-19 生物反应池中活性污泥及出水表观图

图 5-2 不同预处理工况下的污泥表观图

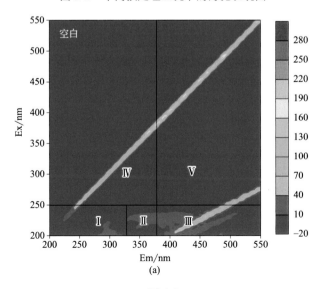
(a)

图 6-2

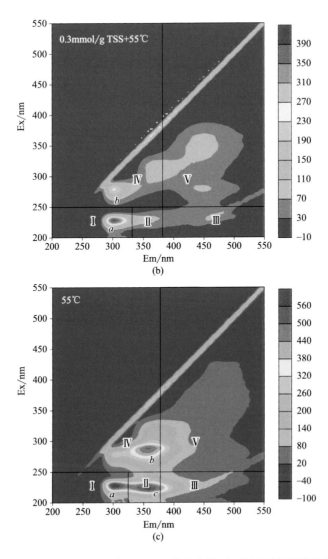

图 6-2 预处理后剩余活性污泥的 3D-EEM 荧光光谱图（所有样品测前均稀释 5 倍）

图 6-3 厌氧发酵 14d 后的污泥表观图

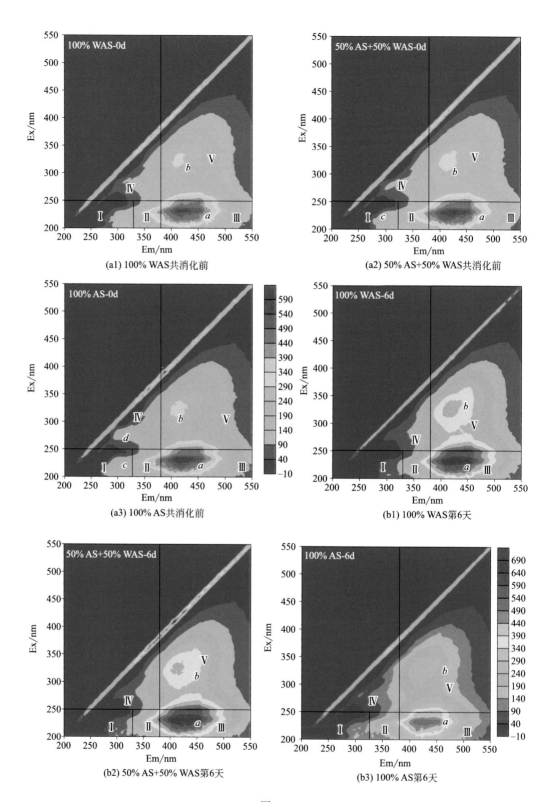

(a1) 100% WAS共消化前

(a2) 50% AS+50% WAS共消化前

(a3) 100% AS共消化前

(b1) 100% WAS第6天

(b2) 50% AS+50% WAS第6天

(b3) 100% AS第6天

图 8-8

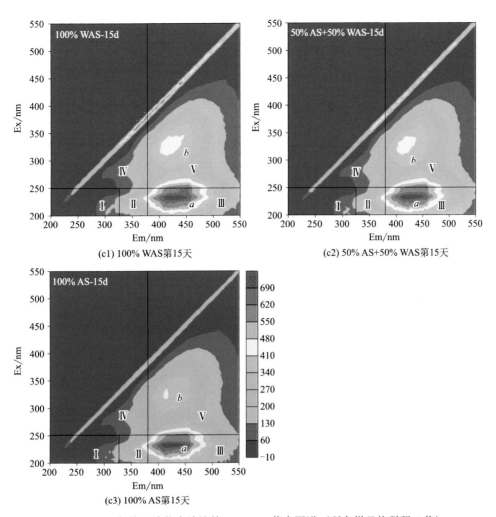

图 8-8　不同条件下消化上清液的 3D-EEM 荧光图谱（所有样品均稀释 5 倍）

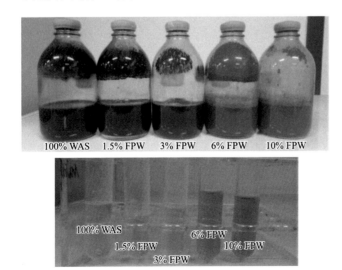

图 8-9　厌氧共消化 50d 后沼渣和上清液的表观图

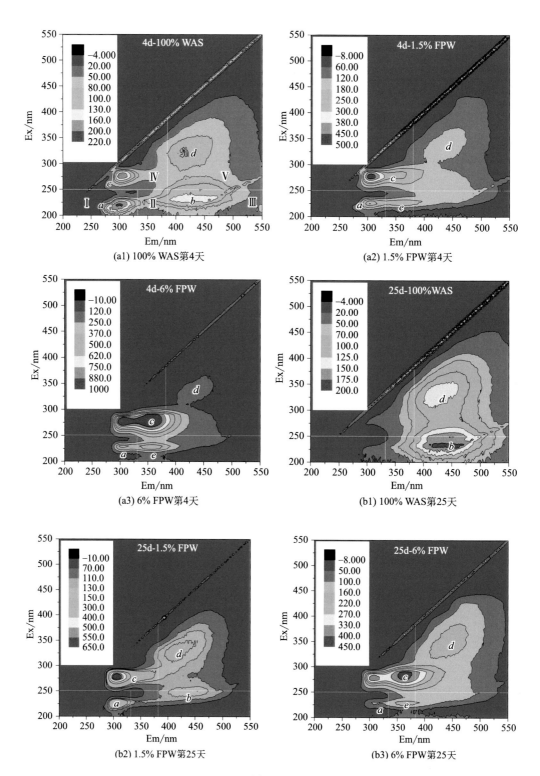

(a1) 100% WAS第4天

(a2) 1.5% FPW第4天

(a3) 6% FPW第4天

(b1) 100% WAS第25天

(b2) 1.5% FPW第25天

(b3) 6% FPW第25天

图 8-14

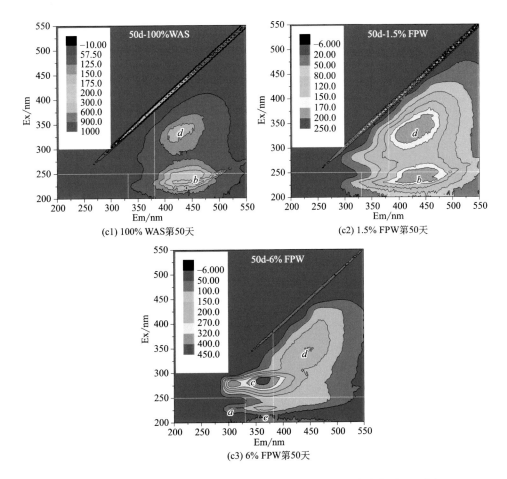

图 8-14　不同条件下上清液的 3D-EEM 荧光光谱图（上清液均稀释 5 倍）

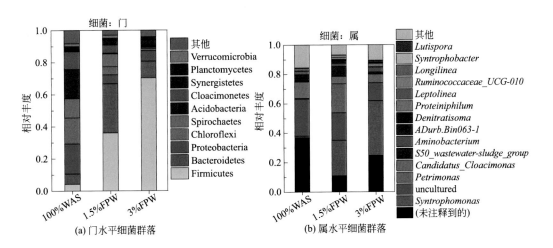

图 8-20

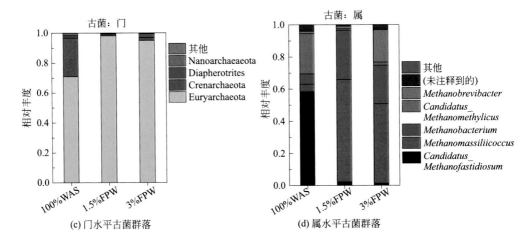

(c) 门水平古菌群落　　　　　　　(d) 属水平古菌群落

图 8-20　门和属水平的细菌及古菌群落柱状图

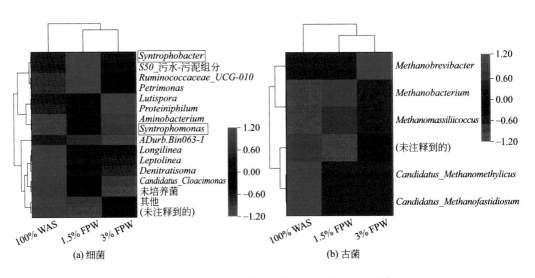

(a) 细菌　　　　　　　　　　　(b) 古菌

图 8-21　基于细菌和古菌属类相对丰度的双层系统树图

(a) 第1天　　　　　　　　　　(b) 第38天

图 9-14　超高温好氧发酵第 1 天和第 38 天的对比图